story of

DESIGN CITY

strategy for DESIGN CITY

신홍경 · 김세용 · 고성종
안진근 · 김도년 · 이정형 공저

光文閣
www.kwangmoonkag.co.kr

CONTENTS

1.

Image of DESIGN CITY

Story of DESIGN CITY

Linienverkehr
und Taxi
frei
Lieferverkehr
frei
9-11h

공간과 역사성

베를린 장벽

유대인 추모관

간결함

비움

일본 요코하마

미나토미라이 21지구의 사인 시스템

MM 21지구의 하이폴 조명등

영국 런던

잘 정돈된 시가지

보행자를 위한 차 없는 도로를 만든 트라팔가 광장

프랑스 파리

라데팡스 지구

대한민국 서울

2009년 광화문복원까지 공사현장을 가리게 될 가림막 작품
〈과거-현재-미래의 광화문을 하나로〉 (양주혜)

도시 색채

미국 로스엔젤레스 초등학교 색채 컨셉

미국 샌프란시스코 아파트 색채 디자인

공원 디자인

미국 시카고-나무 몇 그루가 포켓공원이 될 수 있다.

거리 시설물 디자인

미국 시애틀 대중버스 쉼터

외부 환경

미국 텍사스/주상복합 건물의 외부

미국 오하이주/보험회사 본사 빌딩

외부 자료

미국 샌프란시스코/소니 빌딩

건물과 건물 사이의 휴식공간과 조형물

조명 경관

시간이 지남에 따라 외부 조명이 바뀌는 홍콩의 한 건물

사인 디자인

일본 동경/건출물 안내 사인

내부 방향지시 사인

일본 도쿄, 활기찬 노유거리 가꾸기 사업

31mm의 (표정선)을 유지한 채 재건축한 모습

종로 업그레이드 프로젝트

옥외광고물 개선 위주로 실시된 종로 업그레이드 프로젝트

일본 마쿠하리 주거단지

마쿠하리 신도심 주택 전경

지붕 디자인 모습

식재 디자인 모습

경관 선도시설 타운코어

중정랜드 스케이프

가로 디자인

2.

도시 공공디자인과 서울 브랜드

신 홍 경
경원대학교 실내건축학과 교수

서울시 도시디자인 위원
[사]한국 공간디자인 단체 총연합회 부회장
2008 대한민국 공공디자인 EXPO 조직위원회 부위원장
[사]한국 공간디자인 학회 부회장
문화관광부 청사 및 업무환경개선 설계 자문교수
서울시 강북구 디자인 서울 거리 총괄기획자

도시 공공디자인과 서울브랜드

21세기 사회는 새로운 글로벌 스탠다드와 지역적 정체성을 동시에 요구한다. 따라서 이러한 새로운 기준과 요구들은 기존의 획일화되고 과잉 장식된 표피적 공공 환경을 개선하여 새로운 공공의 가치를 디자인을 통해 구현할 수 있다. 개인의 권리와 요구가 증대되고 있는 현실에서 공공의 가치를 위한 원칙과 기준을 마련하여 다양한 접근과 적용 사례들을 선도해 감으로써 도시 디자인의 고유한 정체성을 확립하고 서울시민의 삶의 질을 향상시킬 수 있다.

도시 공간에 장소와 시간의 개념이 적용되면 '공간+시간+상황'의 도시 통합적인 고유의 스토리 전개가 가능하게 되며 도시는 다양한 층위의 상황과 사건들로 가득 차게 된다. 20세기 도시의 공공디자인은 형태와 스타일을 중시하는 표상적 디자인이 지배적이었다. 그러나 다가오는 21세기 사회에서의 도시의 모습은 과거, 현재, 미래의 시간의 흐름 속에서 그 사회·문화의 맥락적 관계를 통해 도시 공간과 인간의 사유적 소통 공간이 되어야 한다.

도시는 시간이 누적되어진 지층의 장소이다. 공공 디자인은 그 시대적, 환경적 산물인 정당한 선택과 소비이다. 복잡다단한 공공환경디자인에는 시간과 공간의 상대적 관계에 대한 정의가 필요하다. 도시 삶의 방식에 대한 시간과 공간의 상대성은 미학적 판단에도 적용되며 도시 유형의 물리적 변화에 영향을 미친다. 왜냐하면 도시는 다양한 맥락 속에 존재하고 있기 때문이다. 따라서 그 맥락 속의 관계들을 연결해주고 참여하게 함은 시민에게 주는 공공의 고품격 서비스이다.

이러한 도시 가치의 빠른 변화 속에 공공디자인의 역할이란 21세기 사회의 다양한 시대정신을 공공이란 그릇에 담아내는 것이다. 따라서 사회 문화적인 차원에서 공공디자인은 다원화된 도시 거주자의 요구, 복합화한 도시환경과 시설물들을 통합하고 조정해주어야 한다. 따라서 공공디자인은 서울시에서 가장 우선시되는 정책의 주류에 위치해야 한다. 21세기 시대정신을 효율이라는 새로운 공공디자인의 가치를 찾아냄으로써 세계 속의 서울만의 브랜드를 구축해줄 수 있다.

서울은 행정적, 지리적으로 강북과 강남, 강서와 강동으로 구분되며, 한편으로는 도시 기반시설의 내용에 따라 차별화된다. 그러나 서울만이 가지고 있는 고유의 장소적, 그리고 공간적 가치에 대한 심미적 탐구는 서울이라는 곳에 살아가는 사람들에게 훨씬 더 나은 '삶의 품격과 인간다움'을 가져다 줄 것이다.

산업화 사회에서는 생산과 관리를 위하여 효율성이라는 시간의 가치를 추구했다면, 지식정보화 사회인 21세기에는 도시와 인간의 원활한 소통을 위한 효용성의 가치를 중요시해야 한다. 효용성이란 대중 이용의 편의와 사용의 극대화를 추구하는 현대 도시 공공디자인의 핵심적 가치이다.

따라서 다양한 층위의 시간과 공간이 복잡하게 얽혀 있는 현재의 모습 속에서 소멸된 것을 복원하고 망각된 것을 다시 발견하여 장소성, 공공성, 문화적 현상, 역사, 예술, 삶의 방식을 디자인과 효용성의 가치 속에 담아내어 서울만의 고유의 정체성을 만들고 특화된 도시로 만드는 것이 서울 브랜드 구축의 핵심 동력이다.

1) 도시 공공디자인의 필요성

(1) 다양한 요구의 증대

21세기 도시에서 다원화된 개인과 공동체의 요구는 끊임없이 증대하고 있다. 그러나 이를 수용하고 종합할 도시 환경에 대한 통합적인 새로운 기준과 제도가 부재한다.

(2) 일회적이고 파편화된 과잉 디자인

현재의 공공환경시설관련 법과 기준들은 다분히 편파적이어서 전체를 맥락적으로 들여다볼 수 있는 통시적인 장치가 부재한다. 현행법이나 시행령의 체계에서 건축, 도시, 교통 역할 평가는 미관 심의, 경관 심의보다는 용적률, 사유권 등 기능성 위주의 토목건설 공사가 주류의 위치에 있다. 뿐만 아니라 방음벽, 고가도로 등과 같은 다양한 시설물들이 구 단위, 길 단위, 지역 단위 요구의 단편적인 실행으로 만들어지고 있다.

(3) 통합과 조정, 소통과 조화의 부재

지방자치단체의 키치적 사고로 인해 지역 수준과 도시 환경의 질이 저하되고 있으며, 사회 문화적 차원에서 도시 전체의 쾌적한 환경을 조성할 수 있는 기능이 부재한다.

(4) 통시적인 계획의 필요성

공공적 가치와 목적의 구현을 위한 역사, 문화, 장소, 환경과 조화를 이루는 국가 정체성 및 지역 특성 등의 총체적인 연구 개발에 관한 통시적인 계획이 필요하다.

단편적인 정책 수립으로 인해 통합적 시너지 효과 부족하므로 공공디자인을 위한 새로운 요구에 따른 공공기관이나 공공시설물의 선도적 역할과 방향 설정을 위한 기준과 제도 구축의 필요성이 증대된다.

2) 서울 공공디자인의 현재 모습

서울은 개발과 성장을 물질과 건설로 대표하는 20세기의 시대에서 도시적 정서와 문화를 공공의 디자인으로 표현하는 21세기의 시대로 변화하고 있다. 이러한 변화의 물결 속에서 서울의 도시 경관은 여전히 지역적, 시간적, 기능적으로 철저하게 분리되고 파편화되어 있다. 이처럼 분절된 다양한 기능의 도시 공공시설물들은 동일한 시간과 공간 속에서 서로 충돌하면서 과거와 현재, 그리고 미래로 이어지는 순환적 시제로 존재하지 못하고 현재와 현실에만 살아남으려고 발버둥치는 '나만의 서울'을 만들고 있다.

물질과 소비의 계층화, 행복과 쾌락 추구의 모호함, 개인과 집단의 편리함과 공동의 선과의 충돌, 살아야 하는 곳의 장소 상실 등은 서울이 가지고 있는 도시화 과정 속에 내재된 대표적 현상들이다. 한강과 내사산으로 구성된 역사 도시, 대한민국 수도로서의 서울의 모습은 이러한 도시화 과정의 복잡한 현상들을 간과하고 방치하면서 몰래 버려진 독성화학 물질에 의해 생겨난 영화 '한강의 괴물'처럼 그렇게 사람들에게 다가오고 있다.

서울은 우리에게 어떤 도시로 인식되는가? 서울은 개발과 성장, 과잉과 무절제의 혼란된 이미지로, 그리고 지방의 도시가 때로는 모방하는 표상이 되기도 한다.

서울의 길거리, 건물, 간판, 가로시설물, 도로구조물 등은 자기 과시적이며 행정업적 위주의 프로파간다(propaganda)이고 때로는 너무 선정적이어서 홍등으로 유혹하는 '집창촌' 같은 모습으로 보인다. 서울의 혼란스러운 길거리에 수도 없이 많은 잘못된 사례들 중 언젠가부터 디자인이라는 이름으로 나타난 괴이한 형태의 지하철 역사 캐노피, 정리되지 못한 지하철 사인물과 품위 없는 내부시설물, 유치한 발상의 쇼핑몰이나 그것을 벤치마킹한 새로운 지하상가, 천박한 상업시설로 채워지고 있는 한강의 수변 공간, 그리고 지역민들의 아우성에 의해 대안 없이 하루가 멀다 하고 세워지는 거대한 방음벽은 공공의 가치와 공공디자인에 대한 우리 서울의 위치와 수준, 그리고 정체성에 대한 심각한 질문을 던지게 한다.

잘못 해석되어진 디자인의 이름으로 도시 시각 오염물들을 만들어내고 디자인의 이름으로 또한 그 오염물을 치우는 서울의 도시 일상은 너무나 역동적이다. 디자인이 우리 환경을 바꾸는 진정한 수단이라면 선한 눈으로 바라보는 디자인과 다른 목적을 위하여 디자인으로 가장한 위선적 디자인은 분명히 구별되어야 한다.

3) 서울시 공공디자인의 현황

서울의 도시 환경은 사회 계층, 공간 환경적 차별로 인하여 통제와 방치, 공급과 수요라는 산업적인 가치관을 만들어내고 있다. 오용되고 남용된 키치적 조형물과 환경으로 인하여 도시의 품격은 저하되고 직설적인 모습으로 변해가고 있다. 기능위주, 자기중심적, 조화성의 상실, 질서의 부재 속에 각자의 모습으로 길거리를 점유하고 있는 도시의 시설물들은 점점 더 악화된 도시 환경을 만들고 있다. 이렇게 잘못된 방향으로 획일화되고 파편화되어지는 서울의 정체성을 어떻게 복원할 것인가?

최근 서울의 길거리는 단편적이고 파편화된 시설물들로 가득 차 있다. 지난 오랜 시간 동안 시설물 자체로서의 미적 판단을 위주로 한 디자인이 주를 이루어 왔지만, 2005년~2007년에 진행된 도시디자인 위원회 심의는 시설물 자체에서 시설물 환경으로 그 의미의 초점을 옮겨, 보다 맥락적인 도시의 이미지를 구축하는데 노력을 기울여왔다. 독립적이고 개별적인 것에서 본질적이고 통합적인 이미지 조성은 서울 도시 브랜드를 이끌어갈 수 있는 환경을 구축한다.

〈표 1〉 2005~2007년 서울도시디자인 위원회 심의 결과[1]

2005년 도시디자인위원회 심의 결과(1차~16차)								
상정안건 계	심의결과							비고
	원안 동의	조건부 동의	재심	반려	보완	유보	기타	
120	12	52	34			2	20	
2006년 도시디자인위원회 심의 결과(1차~21차)								
상정안건 계	심의결과							비고
	원안 동의	조건부 동의	재심	반려	보완	유보	기타	
89		27	16			2	44	
2007년 도시디자인위원회 심의 결과(1차~14차)								
상정안건 계	심의결과							비고
	원안 동의	조건부 동의	재심	반려	보완	유보	기타	
87		29	31			4	22	

4) 세계의 도시 브랜드 전략

세계의 여러 도시들은 독자적인 마스터 플랜과 도시 디자인 전략으로 고유의 정체성을 성립해가고 있다. 다양한 가치관으로 형성되어지는 세계의 도시 브랜드 전

1) 출처 : 2005~2007 서울도시디자인 위원회 심의 자료

략 가운데 서울 또한 서울만의 특화된 도시 브랜드 전략을 만들어 나갈 방향과 관점이 요구되어 진다.

(1) 런던 도시 계획[2)]

① 압축 성장 도시

오픈 스페이스의 잠식 없는 경제개발 유도 교통 체계와 결합된 고밀도 개발

② 살기 좋은 도시

디자인을 통한 시민들의 삶과 환경 개선 안전, 보건, 교육 등의 공공서비스 확충 공공임대 주거(affordable housing) 공급

③ 번영하는 도시

인프라 구축을 위한 경제성장 유발. 정보, 문화, 관광 등 다양한 산업 유치

④ 차별 없는 도시

사회적 통합 유도, 사회적 박탈감 해소. 지속적인 교육지원을 통한 고용 안정

⑤ 접근이 쉬운 도시

장시적인 투자로 대중교통 수단 확충. 보행자 도로, 자전거 도로 확충

⑥ 환경친화적인 도시

에너지, 쓰레기 등 환경문제 개선. 역사문화유산 보호, 공공 공지 강화

(2) 브리스톨[3)]

① 읽기 쉬운 도시

- 도시 정체성 : 일관된 색상이나 서체 등을 적용하여 통일성을 갖춤
- 사인 시스템, 지도, 주차장, 아트 프로젝트, 웹 사이트 등에 적용
- 새로운 서체, 아이콘 등이 디자인되었으며, 색상 팔레트가 선정
- 'Bristol Transit' 서체는 가독성을 가장 우선시

---

2) 서울특별시・주택국, 서울 도시디자인 기본계획 자료집, 2006.12, p.13

3) ibid., p.28pp.41-43

- 보편적으로 사용되는 색상 팔레트 적용 : 메인-파란색 / 병원-빨간색 / 주차장-하늘색

② **통합 안내 사인 시스템**

- 2003년 말까지 기존의 반복되거나 정보가 정확치 않은 표지판 철거
- 각기 따로따로 설치된 표지판들을 통합한 150개의 새로운 사인 포스트들과 30개의 지도가 시내 중심가 거리에 설치
- 브리스톨 시가의 150개의 건물을 랜드마크로 선택
- 한꺼번에 너무 많은 정보를 노출시켜 혼란을 주던 기존의 문제점을 해결하기 위하여, 동선이 비슷한 곳은 이동 기간 중 필요할 때까지 동일한 정보로 대체
- 시각장애인을 위한 말하는 사인 시스템

③ **안내지도**

- 지도는 일반적으로 북쪽을 위로 하던 것에 비해, 보는 쪽에서 위쪽이 보는 사람의 앞쪽을 의미하도록 하여, 지도들이 각각의 위치에 맞게 제작
- 다양한 사람들의 다양한 상황과 여행을 고려한 시나리오들이 제작. 이들이 목적지를 쉽게 찾아갈 수 있도록 도와줌

④ **공공디자인 프로젝트**

- BLC 디자인 프로젝트를 통해 브리스톨시 공무원들은 창의적인 사고를 경험할 수 있었으며, 프로젝트에 참여한 디자이너들은 도시의 이동성, 정보시스템, 가독성 등 공공디자인에 관해 좀더 깊게 사고할 수 있게 되었음
- 독자적인 사인 시스템과 지도 디자인 등으로 브리스톨에 사는 사람들뿐만 아니라 관광객들에게 도움을 주어 성공적이라는 반응을 얻음

(3) 싱가폴 도시디자인 전략[4)]

① **LIFESTYLE**

- 새로운 라이프스타일은 새로운 접근을 가능하게 함
- 더 좋은 삶을 위한 창조, 재평가를 통해 더욱 풍요롭고 의미 있는 삶을 만들기

---

4) ibid., p.28pp.94-95

② **WORKPLACE**

- 생산성, 효율성, 수익을 극대화시킬 수 있는 환경, 싱가포르의 산업과 근로 환경을 적극적으로 지원하는 최적의 공간

③ **PLAYGROUND**

- 집("HOME")처럼 특별한 도시로 변화시키는 개념
- 시민의 열정을 발산하는 특별한 장소
- 삶을 더욱 즐겁게 만드는 장소를 창조하는 것

세계의 주요 도시들은 점차 도시의 브랜드를 이끌어갈 수 있는 환경으로 변모해 가고 있다. 도시는 이제 개발과 성장이라는 20세기적 가치관에서 문화로 디자인을 말하는 가치관으로 구성 방향의 초점을 옮겨가고 있다. 서울의 도시 정체성을 확립하는 방향으로 크게 장소성, 통합성, 매체성, 재생성이라는 카테고리로 들여다 봄으로써 세계 속의 서울다움을 특성화시키고자 한다.

5) 도시 공공디자인의 방향

(1) 장소성

에드워드 렐프는 1976년에 지리학은 장소를 알게 하고 장소를 만들도록 하는 모든 분야의 경험에 관심을 가져야 한다고 말했다. 도시는 거시적이고 미시적인 사건과 상황들의 오랜 집적을 통해 고유의 장소성을 만들어나간다.

공공과 문화, 환경과 공간, 민속학, 인류학, 지리학을 복합적 · 맥락적 · 통시적인 관점에서 해석하고 접근함으로써 직선으로 흐르는 시간 개념이 아닌 순환적 시제를 가진 도시를 형성할 수 있다.

인간은 누구나 시간의 변화에 따른 다양한 추억과 그 추억을 만들어낸 특정한 장소를 기억한다. 개인이 사적으로 가진 추억의 장소와 다수가 공유하는 공공장소로서의 회상이 있다. 개인의 장소는 그 사적 이야기에 국한될 수 있지만 다중이 이용하는 공공장소는 불특정 다수의 다양한 스토리를 공유하게 된다. 삶의 방식과 사

건을 담은 공간의 영역, 소멸되고 망각되었던 장소성과 정체성을 만들어 주는 것이야말로 진정한 공공적 가치를 인식시키는 방향이 될 것이다.

① 공간과 역사성

Berlin Wall, Berlin, Germany, 베를린 장벽

베를린 장벽 기념물은 동베를린과 서베를린을 갈라놓았던 냉전 시대의 상징적인 분단 시설물로 1961년 8월 13일 만들어져 1989년 11월 9일까지 28년 동안 존재하였다. 1990년 10월 3일 독일이 통일되면서 붕괴되고 남겨진 일부 베를린 장벽에 스테인리스 스틸과 코르텐강을 두 겹으로 직교하게끔 설치하여 시간의 흔적을 보존하고 역사를 기리기 위한 장소를 만들어주었다. 남겨진 베를린 장벽의 틈으로 사람들은 현재의 시점에서 오래 전의 정지된 시점의 시간과 장소를 경험할 수 있다.

Peter Eisenman, The Holocaust Memorial Berlin, Germany, 2005

지상에 있는 콘크리트 석주 공원은 가장 큰 석주의 높이가 4.7m, 폭은 0.95m에서 2.28m로 다양한 길이와 크기로 이루어져 있으며, 사람 1명이 지나갈 수 있을 정도의 폭으로 2711개의 추모비가 나란히 배치되어 있다. 진입이 사면으로 모두 가능하며, 낮은 추모비에서부터 4미터에 이르는 추모비까지 희생자들의 다양한 고통과 절규를 함의하고 있다. 이 사각 모듈의 콘크리트 매스는 방문자들에게 무덤보다 함축적인 의미로 다가온다.

또한 지상의 석주광장 외에 지하에는 2차 대전 중 학살된 600만 유대인들에 대한 각종 자료와 기록들이 전시, 보관되고 있는 거대한 유대인 추모센터가 설치되어 있어 밤이 되면 지면에 설치되어 있는 조명이 나와 희미한 불빛을 밝힌다.

이렇게 The Holocaust Memorial(유대인추모관)은 과거의 역사적 사실을 연상시키면서 희생자들의 입장에서 과거를 회상하게 한다. 작가는 역사적인 사건을 건축적 특성으로 재해석하여 드러내고, 기본주의 구조로 환원시켜 감상자로 하여금 형태의 본질을 체험할 수 있도록 했으며 부분이 아닌 전체를 강조하고자 한다.

② 사건과 공간

Micha Ullman, Book Burning Monument, Berlin, Germany, 1995.

훔볼트 대학 도서관 중앙의 분서 기념물, 1933년 5월 10일에 훔볼트 대학의 수많은 가치 있는 도서들이 광기의 나치 대학생들에 의해 불태워졌다. 이러한 치욕적인 사건과 그 장소를 잊지 않기 위해 1995년 예술 현상 공모를 통해 이스라엘 출신의 조각가 미카 울만(Micha Ullman)의 작품이 선정됐다.

그 역사적 사건의 현장에는 반투명의 1.2×1.2m 유리판이 놓여있고 그 하부 지하공간에는 영원히 채워지지 않는 하얀색의 빈 서가만이 있다. 그리고 밤이 되면 아주 희미한 불빛만이 그 암울한 시간들을 되새겨준다. 한번 불태워진 도서는 영원히 재생되지 않는다는 것이다. HEINRICH HEINE의 명 구절이 동판에 새겨져 있다. "책을 불태우는 자는 궁극적으로 사람도 불태운다."

③ 흔적 남기기, 기록하기

거시적인 사건 이외에도 인간의 삶 속에는 크고 작은 미시적인 사건들이 끊임없이 발생된다. 다양한 상황과 사건들을 기록하고 흔적으로 남김으로써 우리의 삶을 보다 아름답게 만들 수 있다. 로젠가에 있는 주택 현관에는 다음과 같은 문구와 작은 성모 마리아 상이 있다. "로젠가 4번지에 있는 이 건물은 1944년 2월 25일 폭격으로 파괴되었다가 1949년에 다시 복원되었다. 이 집을 하느님이 지켜주시기를!"

④ 지형과 지리적 조건 - 길과 장소

과거 · 현재 · 미래의 순환적인 시점 속에서 작동되는 도서의 다양한 모습은 시간의 층위를 더해가는 진화의 관점에서 이해되어야 한다. 도시의 길거리는 저마다 고유의 역사성과 장소성을 간직하고 있다. 오래된 것과 새로운 것이 상호 맥락적으로 조화되는 것이야말로 오래된 시간의 흔적 속에 현대성을 만들어내는 바람직한 모습일 것이다.

교토는 일본의 오랜 역사를 간직하고 있는 도시로서 오래된 것과 새로운 것이 상호 조화를 이루면서 시간의 층위를 그대로 보여주고 있다. 현대 자본주의 사회 속에 오래된 길거리를 보존하면서 도로와 건물 사이의 인도와 저층부를 잇는 장소에만 상행위를 집중하여 길거리 경관을 그대로 보존하면서 통일되고 정온한 길거리를 연출하고 있다.

⑤ 장소성의 구분 - 대로와 소로

모든 것이 동일하게 적용되어 지는 현대 사회는 길거리마저 유사한 모습으로 변해가고 있다. 저마다 고유의 장소성과 역사성을 갖고 있는 길거리들도 모두 동일한 모습으로 변해가고 있는 것이 매우 안타까울 뿐이다. 도시의 길거리는 사용되는 목적이 모두 다르다. 길거리의 특성과 사용 목적에 맞는 모습으로 존재시키는 것이 도시 경관과 길거리를 정온하게, 혹은 화려하게 저마다의 독창성을 만들어 나갈 수 있을 것이다.

오사카의 대로, 소로의 모습이다. 다차선의 넓은 도로는 정온하게 연출하여 쾌적하고 심미적인 길거리를 형성하고 있다. 대로에 놓인 건물과 건물 사이의 좁은 길거리는 상부를 덮고 길거리 쇼핑몰을 조성하여 사람들이 자유롭게 길거리 쇼핑을 즐길 수 있도록 하였다. 한편 작은 골목길에는 다양한 종류의 음식점과 상점을 밀집시키고 외관을 화려하게 연출하여 사람들로 하여금 마음껏 여가를 즐길 수 있도록 하였다.

⑥ 장소성과의 조화

일본 오사카 성 내부에 있는 공중 화장실이다. 역사적인 장소성을 고려하면서도 현대적인 감각으로 재해석되어 현재의 모습으로 존재한다.
전통을 맥락적으로 재해석한 형태감과 재료의 사용만으로 문화유적지의 고유의 장소성을 해치지 않으면서도 현대적인 매스감을 보여준다.

(2) 통합성

현대 사회는 시간, 시대, 장소를 불문하고 모든 것이 동일하게 적용되는 것을 요구하고 있다. 서울은 개발과 성장을 물질과 건설로 대표하는 20세기의 시대에서 도시적 정서와 문화를 공공의 디자인으로 표현하는 21세기의 시대로 변화하고 있다.

이러한 도시 가치의 빠른 변화 속에 공공디자인의 역할이란 21세기 사회의 다양한 시대정신을 공공이란 그릇에 담아내는 것이다. 따라서 사회 문화적인 차원에서 공공디자인은 다원화된 도시 거주자의 요구, 복합화한 도시환경과 시설물들을 통합하고 조정해주어야 한다. 도시의 공공 영역이 시민의 공동체적인 기능이 충족되는 바탕 위에 개개인의 선택의 다양성과 자유가 보장되는 환경으로 변모하고 있는 가운데 공공디자인의 다양한 영역의 소통과 통합이야말로 다양한 사회 구성원들을 아우르는 진정한 공동체 지향적 개념이다.

소통의 연계 고리를 어떻게 만들어 나가느냐에 따라서 각 영역의 상호 연관성이 증대되고 통합화된 도시 환경을 형성하게 된다.

현대 공간 디자인의 방향은 다양한 시설물과 정보를 공간의 맥락 속에 녹여내어 통합적인 하나의 매체로 인식될 수 있도록 해야 한다.

① 절제, 최소화

현대 공간 디자인의 방향은 다양한 시설물과 정보를 공간의 맥락 속에 녹여 내어 통합적인 하나의 매체로 인식될 수 있도록 해야 한다.

② 간결함

기능을 통합하고 형태를 절제하여 정온한 길거리를 연출한다. 유사한 기능을 하는 시설물들을 통합함으로써 간결하고 쾌적한 경관을 만들 수 있다.

③ 비움

④ 묶음 연결

현대 공공디자인은 고정적이고 단일한 기능에서 유동적이고 복합적인 기능을 수행하는 방향으로 전환되고 있다. 다양한 계층과 영역을 통합하고 남녀노소 누구나 사용할 수 있는 다목적적이고 유니버설적인 디자인은 수많은 시설물의 통합과 절제의 추구를 바탕으로 이루어진다.

오모테산도(表山道) 거리의 다목적 시설물, 일본 동경
일본 동경의 오모테산도 거리에 있는 이 공공시설물은 유동적인 곡선의 형태를 취하여 길거리의 경관을 해치지 않으면서 남녀노소 누구나 사용할 수 있는 유니버설 디자인(universal design)이다. 높낮이에 차이가 있는 곡선의 연속적인 구성으로 벤치, 자전거 거치대, 가로수 보호대 등의 역할을 하는 다목적 공공시설물이라 할 수 있다.

도톰보리 거리 다목적 시설물, 일본 오사카
하나의 재료로 이루어진 직사각형의 화단만으로, 인도와 차도를 자연스럽게 구분하고 있으며, 사람들이 오가며 앉을 수 있는 벤치의 기능을 부여하였다. 때로는 자전거의 거치대로 사용되기도 하는 이 시설물은, 절제된 형태 속에 다양한 기능을 포함하면서도 길거리 경관을 해치지 않는 다목적 시설이다.

⑤ 유기적인 흐름, 통합

도시는 시간과 공간의 변화와 흐름 속에 존재한다. 물리적인 환경 이외에도 계절의 변화, 기의 흐름, 시간의 흐름 등과 같이 비가시적인 현상들이 지속적으로 살아 숨 쉬는 유기체이다. 그러나 기능만을 중시한 육중한 시설물들의 만연으로 인해 도시는 시선, 소리, 기의 흐름 등이 차단되어 삭막한 환경으로 변해가고 있다.

흐르는 바람소리와 다양한 경관들이 높아져만 가는 방음벽으로 인해 차단된다. 기능보다는 심미성을 높이고 인간의 삶의 품격을 높이기 위한 방향으로 공공디자인의 초점이 옮겨져야 할 것이다.

차단과 통제, 막힘보다는 흐름과 개방, 열림의 방향으로 조성되어진 공공환경 속에서 인간은 보다 쾌적하고 아름다운 경관을 경험할 수 있을 것이다.

⑥ 무장애인 환경

일본 도쿄 지하철 내부에는 심장박동기 착용자를 위해 휴대폰 사용을 금지하는 yellow zone이 있다. 전자파를 금지하기 위해 좌석을 구분하여 공간 구획을 하였다. 이는 소수자, 장애인만을 위한 것이 아니라 전체가 더불어 같이 사용할 수 있는 환경의 설정으로써 새로운 개념의 유니버설 공간이라 할 수 있다.

⑦ 유니버설 디자인

도시의 길거리는 수많은 사람들이 이용하는 공공의 장소이다. 따라서 불특정 다수의 전체가 더불어 함께 사용할 수 있는 환경으로 존재시킴이 바람직한 방향이다. 전체를 위한 환경을 공간적으로 구획하고 조성하는 것은 매우 중요한 과제이다. 위의 사진은 인도와 자전거로를 구분하여 자연스럽게 질서가 유지되면서 안전성을 높인 길거리 시설물 디자인이다.

(3) 매체성

도시와 공간, 공간과 인간이 소통하는 방식은 시대의 흐름에 따라 변해왔으며, 공간은 인간의 삶과 밀접한 관계를 맺는 중요한 요소로서 시대의 변화에 상응하는 역할과 그에 따른 정체성을 확립해야 한다. 최근 도시성(urbanism)의 진전으로 도시가 점차적으로 공공과 친숙한 환경으로 변모해감에 따라 도시 환경 내에서 인간의 활동 영역과 범위가 증대하고 있다.

특히 이에 따른 야간 경관의 진화는 새로운 시각 매체의 발전과 그 영향력을 증대시킨 중요한 요인이다. 공간 영역을 넘어서서 상호 간의 경계가 점차적으로 유연해 지는 현대 예술 분야 또한 종전의 이차원적인 회화적 특성을 넘어서서 토털 디자인(total design)의 관점에서 다양한 광고, 미디어, 영상을 이용한 설치의 양상을 띠고 전개된다.

현대 디자인의 과정에 있어서 예술 영역을 포함한 다양한 분야의 자유로운 조형성과 실험성을 접목시켜 다원화 된 대중과 소통할 수 있는 방법을 찾음으로써, 분화된 영역 간의 상호 관계성을 넓힐 수 있다. 이러한 환경 속에서 현대 공간 디자인은 독립적인 개체로부터 탈피하여 도시의 맥락성과 함께 자신을 주변화하는 상호작용의 매체로 존재하며, 통합적 사회성을 지닌 공공을 위한 장소로써의 역할을 만들어 나가고 있다.

① 이미지

도시는 시대성에 적합한 다양한 경관들을 연출한다. 육중하고 고정적이고 단일한 것에서 가볍고 유동적이며 다양한 것으로 도시의 경관이 변화되고 있다. 최근

건축물은 공간 자체에서 브랜드 이미지를 알리는 매체적 성격을 띠기도 한다. 공간을 구성하는 요소, 외관의 비례와 질서에서 이미지, 매체로서의 가치관으로 공간 디자인의 초점이 변해가고 있다.

② 광장

Helmut Jahn, 소니 센터 Sony Center, Berlin, Germany, 2000

소니 센터는 4,000m²의 지붕을 가진 경기장 형태로 천장에서 다양한 색의 빛이 쏟아져 들어오며 중앙의 포럼을 둥글게 감싸는 형태를 하고 있다. 헬무트 얀은 공공의 포럼 주변에 그만의 디자인 요소들을 조화롭게 융합하는 방식을 사용하여 도시의 미관을 해치지 않으면서 상호 조화를 이룰 수 있도록 하고 다른 복합 건물들과도 자연스럽게 이어지도록 설계하였다. 이 장소는 도시민들의 휴식처이자 일상생활의 터전으로 다양한 문화적 행위와 사건들이 벌어지는 공공의 장이다.

③ 디지털미디어

현대 기술의 진보로 '움직임'과 '변화'가 공간과 결합하면서 도시 환경은 고정된 시간과 공간의 속박으로부터 벗어나 이 시대가 지향하는 가치를 고정적인 것에서 비고정적인 것으로, 물질적인 것에서 탈 물질적인 것으로, 육중한 것에서 가벼운 것으로 명확한 것에서 모호한 것으로 변화시키고 있다.

④ 기념비적 매체

도시의 길거리에는 다양한 기념비적 조형물들이 존재한다. 장소성, 역사성과 연결되어 있기도 하고 새로운 개념을 부여하여 길거리에 존재시키기도 한다. 이렇게 다양한 매체들은 길거리의 이야기를 보다 풍성하게 함으로써 사람들로 하여금 도시의 다채로운 스토리를 경험케 하고 의미 있는 장소성을 부여하기도 한다.

그러나 자칫 오용되고 남용되는 길거리 조형물들은 장소성을 상실하거나 조화롭지 못한 길거리를 형성하기도 한다. 도시 경관을 형성하는 다양한 매체들 중 길거리 조형물들은 장소성에 적합한 형태와 모습으로 존재시킴으로써 길거리 특성을 만들어나가야 할 것이다.

⑤ 예술성

최근 서구의 수많은 도시는 디자이너와 예술가의 협력으로 이루어지는 다양한 공공디자인으로 인해 더욱 재미있는 환경이 되어가고 있다. 상호 작용하는 협동적인 과정을 통해 예술 작업을 장식의 영역에서 벗어나, 우리가 살아가는 도시 공공장소에 없어서는 안 될 의미 있는 존재로 만들 수 있다. 예술은 개인이 사회를 바라보는 개인적인 의사표현으로서 공공과의 소통에 한계를 지니고 있다. 따라서 미술이 그림의 틀을 스스로 파괴하고 다양한 사람들과의 소통이라는 본래의 목적에 도달하기 위하여 미술가들은 도시 공간 환경의 상황에 초점을 맞출 뿐 아니라 점점 더 복합화되어 가는 도시 공간을 위한 디자인과 밀접하게 기여하도록 요청되어졌다. 디자인은 개인의 자기 표출 의사에 있는 것이 아니라 사회의 많은 사람들과 공유할 수 있는 '공적인 질문'을 발견하고 그 질문에 대한 답의 방향을 사회에 두고 그 계획이나 과정을 누구나 이해할 수 있게 하는 것이다.

일본 오사카 오모테산도 길거리에 있는 루이비통은 네모 반듯하게 정돈되어 있는 외관에 네온형 광등을 설치하여 유희적이고 재미있는 모습을 연출하고 있다.

⑥ 사인 시스템

공공 사인물은 길거리와 공공장소에서 인간의 인지력을 바탕으로 다양한 매체적 역할을 수행하고 있다. 이러한 시각 매체들은 그 정보의 우선순위에 맞게 디자인되어야 한다.

길거리 정보 시스템은 현대 사회에서 매우 중요한 요소이다. 빠르게 진행되는 흐름 속에서 정보의 인식은 곧바로 행동으로 이어지며 이는 원활한 교통의 흐름과 도로의 안전과도 직결되는 요소이다.

(4) 재생성

현대 사회의 특징은 기존의 질서를 엄청나게 빠른 속도로 뒤집어 놓는데 있다.

문화의 진보와 사회적 발전에 따른 다양한 분야의 공간 문화 또한 빠르게 변화된다. 현대 사회에 존재하는 모든 공간은 다양한 성립 배경과 존속의 역사를 간직하고 있다. 과거에 지어진 건축물은 사회적·문화적 변화에 따라 설립 당시의 목적과 다른 상이한 기능을 담아내기도 한다. 이렇게 빠른 속도로 변화하는 현대 사회의 공간 문화 속에 공공디자인의 역할은 21세기 사회의 다양한 시대정신을 진화의 관점에서 공간 속에 녹여내는 것이다.

개발과 성장을 표상했던 한국 근대의 공간 문화는 오랜 역사 속에 존재했던 공간이 담고 있는 다양한 장소성과 역사성을 허무는 행위를 반복하며 도시의 장소성 상실을 초래했다.

최근, 인천공항이 아시아의 중추적 공항으로 성장하면서, 대한민국 건국 이래로 한 나라의 국력이 세계를 향하여 성장하는 중요한 시기에 한국의 관문으로서 가졌던 김포공항의 역할이 축소되면서 기존 공항청사의 용도 변경이 이루어지게 된다. 이러한 과정 속에 제2 국제선 청사는 정체성을 상실한 복합 상업시설로 리모델링되었다. 김포공항의 역사적 가치와 의미는 단순히 추억과 회상의 장소이지만은 않다. 무분별한 공간 기능의 변화에 따른 장소성의 상실은 불특정 다수의 인간이 공유했던 다양한 사건과 상황, 넓게는 역사적 사건과 기록까지도 사라질 수 있음을 명심해야 한다. 최근 전 세계적으로 일어나고 있는 재생 공간의 흐름을 통해 우리나라 또한 한 국가의 다양한 역사적 흐름과 사회·문화적인 현상에 따른 공간 문화의 지속 가능한 진화의 관점에서 재생 공간의 문화를 만들어나가야 한다.

현대의 공간은 시간의 흐름 속에 다양한 사건과 상황들을 담아내는 진화의 그릇으로 이해되어야 한다. 인류의 진화가 지속적인 변화를 통해 이루어졌듯이 공간 또한 시간의 흐름에 따라 그 사건의 내용에 관계없이 모르는 사이에 조금씩 누적된 문화를 만들어나간다. 전 세계적으로 재생되어지는 다양한 성격의 공간들은 이전 시대의 역사와 문화를 보존하면서 새로운 기능을 담아내는 방법론을 취한다. 이는 문화의 단절이 아닌 끊임없는 진화를 통해 더욱 다양하고 복합적으로 어우러진 공간 문화를 창조한다. 재생 공간의 매력은 과거 시간의 흔적을 담아내는데 있다. 현재 시점에서 그 공간을 경험하는 인간에게 시공간을 초월한 공간 문화를 경험하게 하며, 이는 미래의 특정한 시점에서도 동일한 논리로 적용된다. 재생 공간은 인간에게 역사, 장소, 사건, 상황, 경험, 추억의 연계 고리를 이어주는 현대 사회의 중요한 공간 문화를 만들어가고 있다.

김포공항 국제선 청사

① 복원, 생성

- 청계천, 서울

청계천 복원 사업은 개발과 성장을 중시하는 가치관에서 재생과 환원의 가치관으로 그 초점이 옮겨가고 있음을 보여주는 좋은 사례이다. 청계천 복원사업에 이어 도시 속의 하천들이 복원되어가고 있는 모습은 인간의 삶에 있어서 진정한 공동체의 낙원을 형성한다.

- 798, 중국 베이징(北京)

과거 군수·방직공장으로 사용되었던 대규모의 건물들을 갤러리와 아틀리에로 사용함으로써, 예술로 다시 태어난 재생 공간이다.

- 나치 전당 대회장, 뉘른베르그, 독일

나치 전당 대회장이었던 건물을 미술관으로 재생시킨 이 공간은 역사적 사건과 상황을 보존하면서 현대적인 재료와 기능을 삽입하였다.

- RED BRICK HOUSE, 일본 요코하마, 2000

과거 공장으로 쓰이던 RED BRICK HOUSE, 현재에는 미술관, 쇼핑몰, 레스토랑 등으로 사용되고 있다. 기존의 형태를 보존하면서 부분적으로 새로운 요소를 삽입하여 공간의 역사를 보전하면서 새로운 기능을 부여한다.

② 지속 가능성
- 오르세미술관, 프랑스 파리

근대적으로 지은 역사(驛舍)로, 1939년에 문을 닫은 이후 방치되었다가 1979년에 미술관으로 재생되어, 1986년 12월 '오르세미술관'으로 개관되었다.

6) 도시 공공디자인과 서울

"도시란 보기 위해 만들어진 것일 뿐 아니라 살기 위해 만들어진 것이기도 하다. 도시는 연극의 무대장식이 아니다. 도시의 경관은 주민들과 그들의 생활양식 사이에서 중요한 유기적 결합을 표현한다."라고 발레리 줄레조는 말한다.

서울은 오랜 시간과 공간의 흔적을 갖고 있는 역사적인 도시이다. 이러한 역사적인 도시 속에서 공간을 만드는 것은 글을 쓰는 행위와도 같다. 우리에게 중요한 것은 오랜 시간 동안 지층처럼 누적된 시간과 공간의 흔적들을 기록하는 것이다. 일상생활의 아름다움과 고귀함을 느끼는 삶으로부터 멀리 떠나온 우리의 모습들을 도시 공공 디자인을 통해 되돌릴 수 있다면 잃어버린 소중한 감정들을 공간과 연결시킬 수 있을 것이다.

세계의 다양한 사례를 통해 살펴본 장소성, 통합성, 매체성, 재생성은 도시 공공디자인을 통해 21세기 서울의 도시 브랜드를 만들어나갈 중요한 키워드이다. 이는 거시적인 역사뿐만 아니라 일상생활 속의 미시적인 상황과 사건들도 모두 포함한다. 새로운 방향으로 구축되어질 공공디자인은 우리 모두의 삶의 질을 향상시키고 마음을 풍요롭게 해줄 것이다.

어떤 귀중한 것을 잊는 것이 얼마나 두려운 일인지 깨닫는 순간 마치 우리 기억들을 눌러 놓은 서진처럼 어떤 공간을 만들고 싶은 소망이 생긴다.

– 알랭 드 보통 『행복의 건축』 중에서 –

3.

도시 공공디자인의 영역과 의미

김 세 용
고려대학교 건축학과 교수

한국도시설계학회·대한국토도시계획학회 이사
한국주거학회·한국경관협의회·대한국토지리학회 이사
서울시 2·3차 재정비촉진지구 Master Architect
경기도 시화지구 Master Planner

도시 공공디자인의 영역과 의미

1) 공공디자인의 개요

(1) 공공디자인의 개념

인간이 소박한 원시 공동체 속에 살고 있었을 때에는 자연과 관습에 따라 살아가기만 하면 일상생활에 별다른 지장이 없었을 것이다. 그러나 정착 생활이 시작되고 일정한 장소에서 무리를 형성하면서부터는 사회생활을 보다 과학적으로 수행하는 것을 요구 받았을 것이 분명하다. 즉, 도로를 만들고 마차를 발명하여 교통의 효율을 높였을 것이고, 관개용 운하 등의 공공시설을 갖추게 됨으로써 농지의 생산력을 제고하였을 것이다. 도시화는 이처럼 문명의 발달과 함께 진전되었고 이 과정에서 보다 효율적이고 보다 아름다운 공공시설을 찾게 되었음이 분명하다. 여기에서 공공디자인의 개념과 필요성이 생겼을 것으로 유추할 수 있다.

소득이 높아지고, 여행의 기회가 늘어나면 보고 배우는 게 많아지게 마련이다. 지난 80년대 말 서울올림픽 이후에 나타난 국외여행 자유화는 많은 사람들의 심미감을 높이는 데 기여하였다. 아울러, 선진 외국의 도시와 우리 도시를 비교함으로써 우리 도시에서 무엇이 부족한 가를 곰곰이 생각하게 만드는 계기가 되었다고 생각한다. 올림픽을 치른 지 20년이 지났고 소득 2만 불을 넘어선 지금, 지난 40여 년 간 앞만 보고 저질러왔던 도시화 과정을 되돌아보면 공공디자인의 필요성이 활발하게 제기되는 것은 당연하다 할 것이다.

이러한 상황에서 볼 때, 공공디자인이란 공공기관이 조성 · 제작 · 설치 · 운영 및 관리하는 공공의 공감 · 시설 · 용품 · 정보 등을 공공디자인 정책에 의해 심미적 · 상징적 · 기능적 가치를 높임으로써 국민의 삶의 질적 가치를 높임과 동시에 새로운 선진 문화 창출에 기여할 수 있는 공공의 포괄적 실행 행위라고 정의 지을 수 있을 것이다. 그러므로 공공디자인은 사용하는 사람들의 삶의 질적 향상, 질 높은 선진 문화 창출을 목적으로 한다.[1)2)]

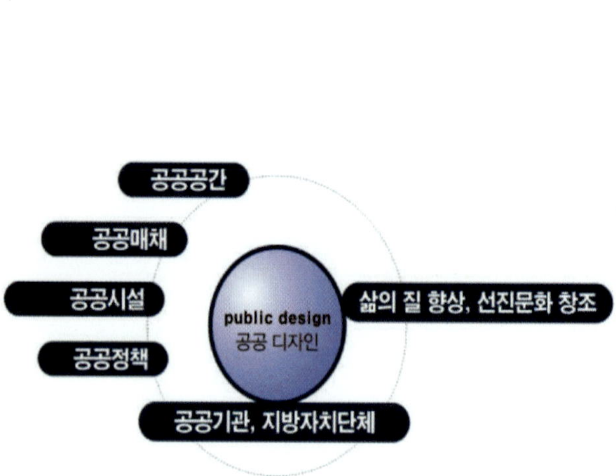

공공디자인의 정의

(자료 : 이광영, 「충청남도의 공공디자인 어떻게 할 것인가」, 공공디자인 도입에 따른 전문가 학술세미나, 2007.)

(2) 공공디자인과 사적디자인

현대사회의 디자인은 크게 두 영역으로 구분할 수 있다. 하나는 사적 영역의 디자인이며, 다른 하나는 공공 영역의 디자인이다. 도시는 사적디자인과 공공디자인 모두의 영향을 받고 있다.

디자인의 여러 분야 중 공공을 대상으로 한 디자인을 공공디자인이라고 하여 특징 있게 따로 해석할 수 있지만, 모든 영역을 이분법적으로 나누어 사적디자인과 공공디자인으로 나누어 따로 볼 수는 없다. 비록 사적인 디자인이라 하더라도 모든 디자인은 공적 역할과 사적 역할이 약간씩은 섞여 있기 때문이다.

---

1) 이광영, 「충청남도의 공공디자인 어떻게 할것인가」, 공공디자인 도입에 따른 전문가 학술세미나, 2007.9.

2) 2006년 11월 박찬숙의원이 발의한 「공공디자인에 관한 법률안」에 따르면 공공디자인의 원칙은 ① 공공적 가치와 목적의 구현, ② 역사 · 문화 · 자연환경과의 조화, ③ 예술성 · 창의성 · 절제의 추구, ④ 편리함과 접근의 용이함, ⑤ 국가 정체성 및 지역 특성의 고려를 들 수 있으며, 이러한 원칙에 따라 공공디자인이 조성 · 제작 · 설치 · 운영 · 관리되어야 한다고 명기하고 있다.

〈표 1〉 사적디자인과 공공디자인의 비교

	사적디자인	공공디자인
기능	소비를 통한 사적인 취향과 생활양식의 표현	공공 영역을 통한 디자인 사회성 강화
매개	시장	공공사업
주체	기업과 소비자	국가, 지자체, 공공단체
목적	기업의 이윤 창출	국민 서비스 제공 및 국민 문화 창출
선택권	사용자	정부 및 공무원
관련법	산업자원부 주관의 「디자인 산업진흥법」	문화관광부 주관의 「공공디자인에 관한 법률」

(자료 : 문화관광부, 「디자인 문화원 설립 기본방향 연구」, 2005.)

(3) 공공디자인의 요소와 공공성

디자인 문화를 발전시키기 위해서는 디자인의 공공성을 제고하는 것이 필요하다. 디자인의 공공성은 공공디자인이라는 개념을 통해 접근되어야 하며, 공공디자인은 한 국가의 문화적 정체성 및 디자인의 정체성이 상징적으로 드러나는 부분이므로 파급 효과를 고려하여 나라의 디자인 문화 인프라라는 인식을 가져야 한다. 그러므로 공공디자인은 공공사업의 필수적인 요소로서 구현되어야 한다. 이때 공공성이라는 기본적 요소를 가지고 공간 및 도시를 디자인해야 하며, 거주민들의 삶의 질을 높이기 위한 사회문화 인프라를 형성해야 한다. 그렇다면 무엇이 공공성인가?

사전적 의미로서 공공성과 공공의 개념을 보면, 국어대사전에서는 공공성을 '일반 사회와 단체에 이해관계를 미치는 성질'이라는 모호한 표현을 쓰고 있다. 공공에 대해서는 '일반 사회의 여러 사람과 정신적, 물질적으로 힘을 함께 함'[3]으로 설

3) 이희승, 「국어대사전」,민중서림, p.215, 1997.

명하고 있다. 공공에 대한 의사결정을 주로 다루는 분야인 정치학 분야의 사전에는 공공성이란 항목이 아예 없고, 공익이란 항목을 설명함에 있어 공공성이란 표현이 보인다. 그 내용은 '특수 이익 또는 사익과 대립되는 개념으로 공공성, 일반성을 지니는 불특정 다수인의 이익 또는 사회 구성원의 평균적 이익'으로 되어 있다.[4] 두 경우가 모두 공공성을 이해관계, 이익 개념과 연관시키고 있는데, 그에 따르면 공공성은 일반성, 보편성과 상관이 있고, 특수성, 사적 특성과는 반대되는 것이다. 즉, 공공성은 인간이 사회적 생활에서, 공개적으로 자신의 이익을 실현할 수 있는 하나의 가능성을 의미한다고 할 수 있고, 이러한 가능성이 집합되어 공익이라는 개념을 형성한다고 생각된다.

이처럼 우리와 함께 숨 쉬는 개념인 공익과 관련하여 도시공간을 살펴보면, 우선, 도시공간은 소유 관계에 따라 공공 공간과 사적 공간으로 구성된다. 이때, 공공 공간이란 공유지에 구성되는 공간이고, 사적 공간이란 사유지에 구성되는 개인 공간 또는 사적 공간을 말한다. 그러나 공공성 있는 공간이란 차원에서 보면, 공공 공간이면서도 일반인의 자유로운 접근과 이용에 제약이 있는 곳도 있고, 사적 공간이지만 시민 누구나 자유롭게 드나들고 이용할 수 있는 곳이 있다. 즉, 이용 측면에서 볼 때에는, 소유 관계에 따라 구분한 공공 공간이 반드시 공공성 있는 공간은 아닌 것이다. 전술한 대로 공공성이란 모두를 위해서 좋은 것이라는 특성을 갖고, 공익이란 올바른 이익의 합이란 설이 우세하므로, 무엇이 모두를 위해 좋은 것이냐는 가치 판단의 어려움에도 불구하고, 공공성 있는 공간이란 공공을 위해 열려 있는 공간을 말한다고 할 수 있다. 이는 소유나 관리의 측면뿐만 아니라, 이용 측면에서 공공성을 판단할 수 있음과 함께, 공공 공간이란 공익의 물리적 구현임을 의미한다. 그러나 공익 구현의 이면에는 소유 관계의 충돌이 있음도 간과할 수 없다. 즉, 도시공간의 기반 요소인 가로, 대지, 건물들은 각각의 이익 주체끼리의 이해관계에 따라 공익 구현의 정도를 달리하며, 공공 공간은 이익 주체의 의지에 따라 공익구현의 정도를 달리 보여줄 수도 있는 것이다.

4) 박영사 편집부, 「정치학사전」, 박영사, p.105, 1989.

(4) 공공 공간의 범위

도시공간을 소유에 의해서 분류하면 크게 사유지(私有地)와 공유지(公有地)로 나눌 수 있다. 전자는 소유권이 개인에게 귀속된 반면, 후자는 도로나 공원 등 소유권이 공공기관에게 있다. 그러나 모든 공유지가 개방적 성격을 띠고 있는 것은 아니며, 사유지라고 해서 반드시 폐쇄적인 것은 아니다. 공유지이면서 폐쇄적일 수도, 사유지이면서도 개방적일 수 있기 때문이다. 따라서 공익을 구현하는 도시공간을 일반적으로 공공 공간(公共空間)이라 할 수 있다. 그러나 공익은 '사회통념상 바람직하다고 판단되는 가치들'이기 때문에 사회 구성원의 가치관에 따라 달라질 수 있는 상대적 개념이다.[5] 고대 도시국가에서는 개인 욕구를 공동체 발전의 저해요소로 생각하였으며, '푸블리쿠스'라고 불렀던 공공 공간이 실제로는 지배자에게 귀속되어 사익에 우선하는 공간이였다.[6] '잭슨(J.B. Jackson)'은 공공 공간을 모든 시민들이 접근 할 수 있는 곳으로 공공의 권위(authority)에 의해 창조되고 유지되는 장소나 공간으로 보았다.[7]

공공 공간의 개념을 요약하면 〈표 1〉과 같이 개방적인 공적 공간(公的空間)과 개방적인 사적 공간(私的空間)으로 구분할 수 있다. 전자를 일반인에게 개방되는 공원이나 놀이터, 또는 도로나 보행로 등의 공간이라면, 후자는 사유지이지만 일반인에게 개방되어진 공간으로 건물 외부의 공개 공지[8]나 건물 내부에 조성된 공개 공간[9], 또는 로비나 홀 등을 말한다. 따라서 공공 공간을 어떤 건물의 업무관련

---

5) 김영종, 1995, 「행정철학」, 법문사, p198~200

6) 김세용, 1999, 「공개공지는 누구를 위한 곳인가?」 경실년 주체 세미나 발표문 발췌

7) Nathan Glazer Mark Lilla, 1987, The American Public Space, The Public Face of Architecture, The Free Press, p276~277

8) 공개공지는 '일반인에게 상시 개방되는 공지'로 일반 보행자가 이용할 수 있는 휴게 시설물(벤치나 조경, 파고라 등)을 갖춘 개방된 공간을 지칭한다. 90년에 이전에 '공공 공지'라는 용어를 쓰다가 90년대 중반에 이르러 '공개 공지'라는 용어로 명기되기 시작했다. (서울특별시 건축조례, 1995~2000)

9) 지역별 건축조례마다 다소 차이를 보여 명확한 구분은 어려우나, 부산광역시 건축조례에 따르면 공개 공간의 정의를 '건축물의 3층 이하의 부분으로서 일반 대중에

〈표 2〉 도시공간의 구조

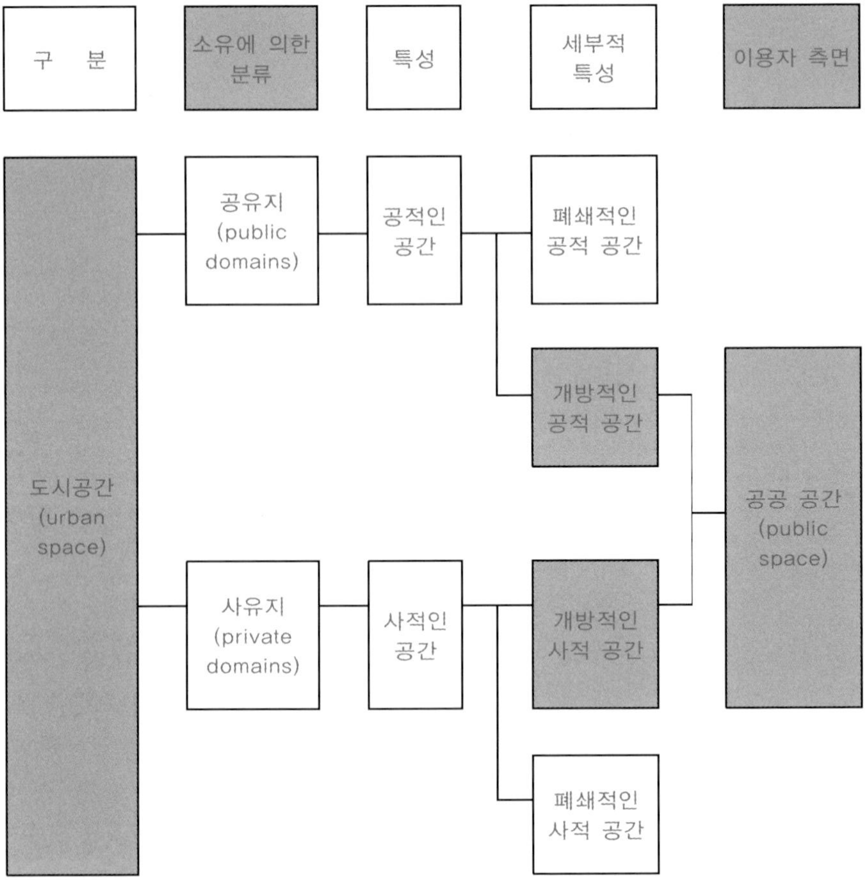

종사자나 방문자뿐만 아니라 불특정 다수 이용자가 평시에 자유롭게 접근하고 이용할 수 있도록 개방되어진 옥내·옥외 공간으로 정의할 수 있다.

게 상시 개방되는 건축물 안의 공지'라고 명시하고 있다. 공개공지 개념과 유사하나 큰 차이점은 건물 내부에 조성된다는 점이다.

(5) 공공 공간의 유형 및 이용자

공공 공간이란 항상 이용자에게 개방되어 있어, 이용자가 그룹 혹은 개별적으로 자유롭게 접근이 가능한 공간이다. 대개 포장된 보도, 벤치, 수목 등이 시설되어 공공의 편의를 돕는다는 점에서 도시의 미개발지와는 구별된다. 도시 개발이 활발한 현대에 올수록 공공 공간은 실내화되는 경향이 있다. 따라서 극장, 슈퍼마켓, 관공서 등 시민이 자주 모이는 장소도 넓은 의미에서는 공공 공간이라 할 수 있는 이 글에서는 공공 공간의 개념을 공공에게 24시간 개방되고, 자유롭게 출입이 허용되며, 공공에 의해서 공급되지 않았더라도 공공을 위해서 시설된데 개방 공간에 한정시키기로 한다. 개념정의 따라 공공 공간을 구분하면, 형성 과정의 차이에 따라 다음과 같이 세 개의 유형으로 나눌 수 있다.

첫째, 의도적인 계획이 없는 공간으로 이용자들이 독특한 방법으로 계속 이용하거나, 특정 이용자 집단의 반복적 이용으로, 시간이 경과함에 따라 공공 공간으로 자리 잡은 경우이다. 거리의 모퉁이 큰 건물의 진입 계단, 미개발지 등이 만남, 휴식, 주말시장, 집회 등의 목적으로 사용이 반복되면서 그럴 듯한 공공 공간으로 형성되는 경우를 많이 볼 수 있다.

둘째, 처음부터 세심하게 계획된 공간이다. 이 유형의 공간은 기능에서는 전술한 비계획 공간과 비슷하지만, 대개 건축가, 도시계획가, 조경가 들이 공공과 개인을 의뢰인으로 하여 건설하는 경우가 대부분이다. 비계획 공간과 비교하면, 기념 광장, 공원, 몰 등 대규모의 공간이 많으며, 이 경우 그 계획 의도와는 다르게 사용되는 경우도 적지 않다.

셋째, 진화(evolution)되거나, 변용(modification)된 공간이다. 시간의 경과와 이용자 집단의 성격 변화에 따라 초기의 계획 의도가 변질된 공간이거나, 이용자의 요구에 따라 미개발지에 편의 시설을 하거나, 개발지라도 시설 변경을 한 경우가 여기에 속한다. 계획, 비계획 공공 공간의 상당수가 이러한 진화나 변용은 피할 수 없지만, 그 정도에는 큰 차이가 있을 수 있다.

도시의 공공 공간은 공익의 물리적 구현이라는 이유 아래 수많은 공공 공간이 양적인 면에 중점을 두어 공급되어 온 것은 사실이다. 그러나 이용자에게는 그 공간의 공공성은 양적인 면보다는 쾌적성의 체험이라는 질적인 차원에서 인식된다 할 것이다. 따라서 공공 공간이 효과적인 공공성을 획득하기 위해서는 쾌적성의 구현이 우선되어야 할 것이다. 아래에서는 쾌적성 구현의 주체인 이용자의 유형에 대해 알아본다. 공공 공간에 대한 이용자는 다음과 같이 구분할 수 있다.

첫째, 공공 공간 주변에 살고 있는 거주자이다. 이 그룹은 공공 공간을 삶터의 일부로 보기 때문에 다른 그룹에 비해 공간에 대한 친밀감, 애착심, 개선 욕구가 강하다.

둘째, 공공 공간 주변에 직장을 갖고 있는 근무자이다. 이 그룹은 하루에 8~10여 시간을 공공 공간 주변에서 생활하기 때문에 어느 정도의 친밀감과 애착심은 있으나, 공간을 단지 기능적으로 보는 경향이 강하다.

셋째, 공공 공간에 잠시 들른 방문객이다. 이들은 업무, 쇼핑을 위해 방문한 사람들로 공간에 대한 애착심이나, 친밀감은 갖고 있지 않으며, 즉흥적인 태도로 공간을 대하는 경향이 강하다.

넷째, 위의 세 경우가 아닌 불특정 다수의 잠재적 이용자이다. 이들은 아직 특정 공공 공간을 접해보지 않은 그룹으로, 이전의 경험에 의한 공간에 대한 선입견을 갖고 있다.

위의 네 경우의 이용자 그룹은 각기 공공 공간에 대한 상이한 감정과 요구를 갖고 있다는 것이 여러 연구에서 드러나고 있다.[10)]

2) 공공디자인 적용

(1) 공공디자인의 영역

10) L.Anastasia, Privatisation of public open space, TPR 64(2), 1993. pp.45~47

공공성, 공공 공간, 공공디자인 및 공공 공간 이용자는 전술한 바와 같이 구분할 수 있다. 그렇다면 공공디자인의 영역은 어디까지인가? 공공디자인에는 먼저 건축물과 도로·운하, 주거환경에 필요한 공원이나 산책로 등의 '환경적 시설'이 있다. 이 환경 시설에 대응하여 도로상의 여러 시설이 있다. 이러한 개개의 디자인은 물리적 기능으로서 뿐만 아니라 시각적 환경의 한 요소로서 계획되어야 한다. 그런데 적절한 디자인과 배치는 생활의 장에 질서를 주고 부적절한 배치는 당연히 혼란을 일으키게 된다. 도로시설물에는 광고·게시판·교통표지·신문광고·벤치·버스나 택시·정류장·지하철 입구·공중화장실·공중전화·가로등·쓰레기통·재떨이·자동판매기·우체통·화분·가로수 등 '사람을 위한 시설물'이 있으며, 자동차가 등장한 후로는 '자동차를 위한 시설물'로 신호등·교통표지·파킹 미터·가드레일·교통관제탑 등과 그 밖에 가선·배기탑·소화전 등이 나타났다.[11)]

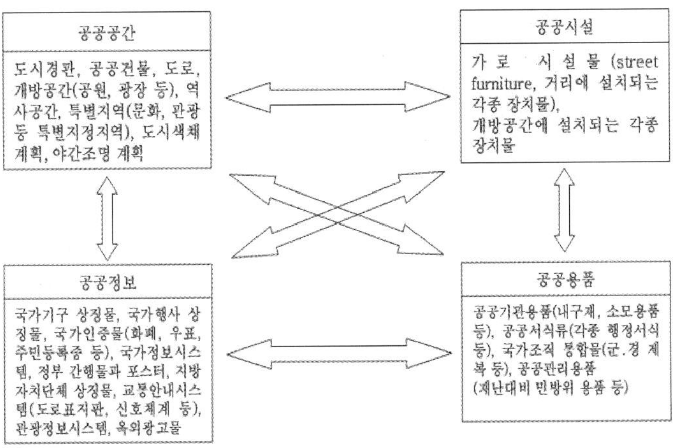

공공디자인의 대상과 범위

(자료 : 서울대 환경계획연구소, 「공공디자인진흥법 제정을 위한 기초연구」, 문화관광부 학술용역, 2006.7.)

11) http://100.naver.com/100.nhn?docid=15767(두산백과사전)

〈표 3〉 공공디자인 영역

공공공간	야외 공공공간	공원 : 어린이공원,쌈지공원, 근린공원, 체육공원 광장 : 교통광장(교차로공간), 미관광장, 지하광장, 건축물에 부설된 광장 노외주차장, 포켓파크 등
	기반시설공간	교량, 육교, 지하철, 캐노피 등의 주변공간
	문화복지공간	문화재 주변공간, 고궁공간, 성곽 주변공간
공공건축물	행정관련건축물	동사무소, 관광안내소, 공중화장실, 주차장관리소
	문화/복지관련건축물	국·공립 복지시설, 문화재
	교통관련건축물	버스터미널, 지하철역사
공공 시설물	도로시설물	보행시설물 : 볼라드, 미끄럼방지시설, 지하보도, 휀스등 운송시설물 : 버스승차대, 자전거보관대, 보도턱, 보행신호등 등 편의시설물 : 음수대, 벤치, 휴지통, 가로판매대, 노점, 신문판매대, 자동판매기, 차양, 쉘터, 구두수선대 등
	공급시설물	맨홀, 지하철환기구, 교통신호개폐기, 소화전, 우체통, 분전함, 공중전화부스
	도시구조물	교량, 보도육교, 방호벽, 고가차도, 방음벽, 방호울타리
	가로녹지시설물	가로수보호덮개, 가로녹지대, 보호휀스, 가로수, 가로수지지대, 분수대
	조명시설물	가로등, 터널등, 지하보차도등, 보안등, 보행등, 발밑등
	공공운송수단	전동차(광고물, 방재시설물, 손잡이, 픽토그램, 노선도, 연결통로, 선반, 색채, 조명, 음향), 버스, 택시, 공공환경위생차량(환경미화차, 분뇨수거차,주차단속차)
공공 시각매체	지시/유도기능매체	관광안내도, 보행자안내표지, 버스정류장표지판, 택시표지판, 주차장안내표지판, 교통안전표지판, 도로표지판, 지하철안내표지판, 사설안내표지, 장애인유도사인, 신호기, 교통표지, 공원안내판, 시티투어 안내표지판
	영상정보매체	대기오염전광판, 시계
	환경연출매체	상징조형물(동상, 기념비), 벽화(수퍼그래픽)
광고물	건축물부착광고물	가로형간판, 세로형간판, 돌출간판, 공연간판, 옥상간판, 지주지용간판,
	공공시설물이용광고물	현수막, 애드벌룬, 벽보, 전단
	교통수단이용광고물	선전탑, 공공시설물이용광고물, 교통시설이용광고물, 교통수단이용광고물, 아취광고물, 창문이용광고물
야간경관	건축물야경	건축물 야간경관
	도시구조물야경	도로시설물 야간경관, 도로부속 시설물 야간경관
	문화재/자연야경	문화재, 고궁, 성곽 주변 야간경관

(2) 공공디자인 국내 · 외 사례

이 장에서는 공공디자인에 대한 국내외 사례를 살펴보겠다.

① 국외 사례[12)]

ⓐ 일본 요코하마 미나토미라이21

도쿄 긴자거리의 가로등

긴자거리의 사인 시스템

MM21지구의 하이폴 조명등

요코하마 박람회장 사인 시스템

(좌) 신주쿠 신청사 환경 사인 시스템
(우) MM21지구의 사인 시스템

MM21지구의 환경디자인-볼라드 조명등

요코하마 심벌로드 정비-휴지통, 쉼터

---

12) 김신영, 「지방자치시대 공공디자인이 가치 증가와 도입의 필요성」, 공공디자인 도입에 따른 전문가 학술 세미나, 2007

ⓑ 영국 런던

빨간 전화부스

모던하고 심플한 공중화장실

거리의 쉼터이자
환경의 파수꾼으로서의 벤치

버스정류장 사인

잘 정돈된 시가지 모습

하늘 높이 솟은 이정표

보행자를 위해
차 없는 도로를
만든 트라팔가
광장

ⓒ 미국 뉴욕

뉴욕시내의 배너

뉴욕대학의 깃발
-여신의 횃불상을 연상

뉴욕을 상징하는 요소들을
소재로 한 그림 엽서

관광버스와 기념상품들

뉴욕을 상징하는 요소들

ⓓ 영국 브리스톨

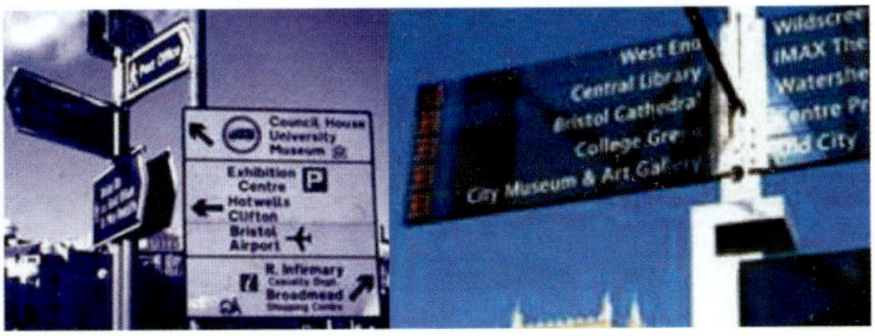

영국 브리스톨시는 혼란스러웠던 표지판(좌)을 단순화했다(우)

ⓔ 캐나다 밴쿠버

벤쿠버 맨홀뚜껑 디자인
공모전 작품

ⓕ 호주 맬버른

인터내셔널 플라워 & 가든쇼 심볼

뭄바 페스티벌 배너

인터내셔널 플라워 & 가든쇼 행사

'푸드 & 와인 페스티벌' 심볼

'뭄바 페스티벌' 홍보용 포스터

'뭄바 거리 퍼레이드' 행사

ⓖ 일본 각 지방의 맨홀 디자인

일본 각 지방의 특색에 맞는 맨홀뚜껑 디자인

ⓗ 독일 하노버

① 프랑스 파리

라데팡스 지구

② 국내 사례

ⓐ 서울 광화문 및 종로 일대

(사진출처 : 김신영, 지방자치시대 공공디자인이 가치 증가와 도입의 필요성, 2007)

2009년 광화문 복원까지 공사현장을 가리게 될 가림막 작품 '과거-현재-미래의 광화문을 하나로'(양주혜)

광화문 흥국생명 사옥 옆에 조형물 '망치질하는 사람' (조너선 보로프스키, 미국)

종로에 위치한 '피아노길'

청계천 동아일보 앞 조형물 '스프링'(샘, 미국)

덕수궁 돌담길(정동길) 바닥포장

ⓑ 청계천

서울시의 가장 대표적인 성공 프로젝트로 꼽히는 복원된 청계천

ⓒ 대학로 예술의 거리

대학로의 구불구불한 패턴으로 조성된 산책길

정돈된 느낌의 대학로 내부의 골목길

대학로 곳곳에 놓여 있는
큐브 형태로 디자인된 조형물

ⓓ 낙산(대학로)의 공공미술 프로젝트

(좌) '파출소 프로젝트'(한젬마)

(우) '태양의 힘'(주재환/오동훈)

(좌) '소나무가 있는 풍경'(거리의 미술)

(우) '낙타'(최정원)

(좌) '새들의 꿈'(이은미/류현희)

(우) '꽃 계단'(고선경/윤기원/인동욱)

(좌) '봉재인, 존경의벽'(박종혜)

(우) '어르신의 솜씨'(김아영/이영섭/동네어르신과 아이들)

(사진출처 : 김신영, 「지방자치시대 공공디자인이 가치 증가와 도입의 필요성」,2007)

3) 도시와 공공디자인의 역할과 미래

(1) 공공디자인의 현주소

현재 선진국은 공공디자인에 대한 연구와 투자를 강화하고 있는데, 예를 들어, 유럽의 국가는 공공시설을 얼마나 편리하게 이용할 수 있는가를 한 나라의 복지수준을 가늠하는 수단으로 삼고 있을 정도로 공공디자인에 대한 관심이 높다. 국내에서도 공공시설물의 설치 시 환경과 도시 미관을 살려야 한다는 목소리가 점차 커지고 있는 실정으로, 정부에서 생활환경 개선 및 주민 복지 향상에 비중을 두고 있는 만큼 공공시설에 대한 수요나 중요성은 계속 확산될 전망이다.

〈표 4〉 공공디자인의 현주소

공공디자인 선진국	국내
양적+질적 정책	급속한 양적 성장정책
주무부처의 명확성과 중앙의 철저한 통합관리 (통합적 정체성 확립)	각기 다른 주무부처의 혼재성에 따른 혼란과 통합적 관리 불가
중앙 및 지방정부의 유기적 행정 시스템 구축	중앙 및 지방정부의 관련 업무 단절
적극적인 전문직 공무원 제도 운영	잦은 이동으로 인한 관련 공무원의 전문성 부족
체계적인 행정 시스템 및 관련법	관련법의 부재로 행정적 지원근거 미비

(2) 공공디자인의 낙후 원인[13)]

① 공공디자인의 개념 인식 및 이해도 부족

현재의 공공디자인은 사적디자인과 그 차이점을 명확하게 구분 짓지 못한 채 혼용되어 이루어져 왔다. 공공디자인은 주변과 조화를 이루고 공공성을 찾아야 하지만, 공공디자인의 개념 인식과 이해의 부족으로 많은 문제점을 보이고 있음을 확인할 수 있다.

---

13) 이광영, 「충청남도의 공공디자인 어떻게 할 것인가」, 공공디자인 도입에 따른 전문가 학술세미나, 2007.9.

공공디자인은 지나친 심미성을 추구하여 사용자의 가능성, 즉 남녀노소, 사회적 약자를 고려한 유니버셜 디자인 개념 등이 도외시돼서는 안 된다. 또한 공공디자인의 대부분이 외부에 노출되어 있으므로 설치 후 불특정 대다수의 사용으로 인한 사후 유지에 대한 관리적인 측면이 매우 중요시되어야 한다. 아울러 사고의 위험요소가 철저하게 고려되어진 최상의 안전성이 반드시 고려되어져야 한다.

국내 사례 (문제점)

●지나친 부속물로 인하여 태풍 등의 자연재해 시, 안전성에 심각성을 초래

●장식적인 시설물과 지나치게 화려한 색상을 사용하여 주변과의 조화를 저해

●복잡한 구조로 인하여 사후 관리 및 호환성이 떨어짐

▶ 불필요한 디자인으로 단가가 높아져 예산을 낭비

(사진출처 : 이광영, 「충청남도의 공공디자인 어떻게 할 것인가」, 2007)

선진 사례

●가로등이 갖고 있는 주된 기능인 광원의 효율성에 예산을 집중하고 불필요한 부속물을 배제함

●주변 경관과 조화될 수 있는 저채도, 저명도의 색상 적용

●형태의 단순화를 통해 설치 후 표지판 지주로서의 상호 호환성을 가짐

●보행자의 안전을 위해 등주를 지중에 매입함

●보행자의 안전을 위해 등주를 지중에 매입함

국내 사례 (문제점)

● 보행자의 통행에 방해를 주며 제 대로 관리가 안 되어 불쾌감을 줌

● 쓰레기가 노출되어 불쾌감을 주며 약간의 바람에도 주변을 지저분하게 할 수 있음

선진 사례

● 장소에 적합한 크기와 기능, 주변과 조화로운 컬러 적용

● 주변환경과 조화로운 색상을 활용

국내 사례 (문제점)

● 체계적인 관리가 되지 않아 주변 환경이 불결하고 복잡함

● 재료 및 형태가 주변과 조화되지 않아 경관적으로 부조화를 이루고 있고, 인도 점유율이 높아 보행자의 통행에 장애를 줌

선진 사례

●건축물이 포함된 주변환경과의 조화를 고려한 디자인

●철저한 관리를 통한 깨끗한 주변환경

국내 사례 (문제점)

●가로등 및 시설 표지판, 신호등, 전신주의 시설물 혼재와 중복 설치로 가로 경관의 저해 및 예산의 낭비를 초래

선진 사례

●중복 투자에 대한 경비 절감

●최소한의 가로 시설계획 및 통합적 관리를 통한 설치의 효율성 극대화

국내 사례 (문제점)

(사진출처: 이광영, 「충청남도의 공공디자인 어떻게 할 것인가」, 2007)

●4개의 통합되지 않은 지주 사용으로 중복 투자의 예산 낭비 초래함과 동시에 복잡함

선진 사례

●하나로 통합된 지주로 중복 투자에 대한 경비 절감

국내 사례 (문제점)

●버스노선 안내 표지판이 정류장과 멀리 떨어져 있어 인식이 힘듦

●정류장이 인도의 위에 위치하여 보행자의 통행에 방해를 주며 쉼터 기능이 결여됨

●주변이 복잡하고 정돈되지 않아 경관의 저하를 가져오는 형태 및 색채가 사용됨

해외 사례

●목재 등의 친환경적 사용과 투명 재질을 사용하여 폐쇄성을 배제한 상호 소통성 배려

최근 국내 개선 사례

▶ 서울시에서 시범적으로 운영하고 있는 공공디자인 관련 시설
– (좌)태평로에 위치한 키오스크, (가운데)중구의 재떨이, (우)덕수궁 앞 안내 표지판

② 공공디자인 관점에서의 표괄적 통합 부재

공공디자인의 대상은 대부분 정부기관이 기획, 시행 설치, 운영 및 사후관리를 주관하는 것으로서 중앙정부, 광역 및 기초자치단체가 각기 다른 부처별로 관련 업무를 수행하기 때문에 정책 및 실행에 있어 서로 다른 제각각의 결과를 가져온다. 이로 인해 공공디자인의 가장 중요한 요소라 할 수 있는 유기적 통합의 문제가 심각하게 대두되며, 지역 또는 국가의 정체성 있는 특색을 전혀 반영하지 못하고 있다.

가로시설물의 경우를 예로 들면, 공공디자인을 운영 · 관리하는 수관기관과 부서가 각각이어서 가로 시설물마다 담당 부처가 다르기 때문에 통합적인 관리가 이루어지지 못하고, 업무협조 및 설치의 효율성이 떨어지며, 중복 투자로 인한 예산의 낭비를 초래하기도 한다.

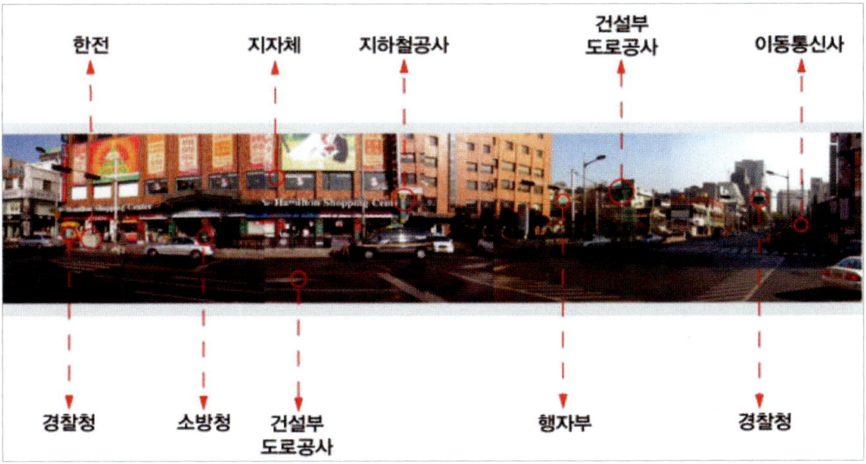

(사진출처 : 이광영, 「충청남도의 공공디자인 어떻게 할 것인가」, 2007)

③ 통합적 관리 업무를 위한 전문 부서의 부재

공공디자인의 범위에 대한 포괄적 성격으로 각 관련 부서가 동등한 독립적 업무 분장하에서는 유기적 업무 협조 또는 조정 작업이 원활히 수행되기 어려우므로 다양한 업무를 통합 지원하고 조정할 수 있는 통합 조정 기능이 부여된 상위 개념의 기관장 직속 전문부서가 반드시 필요하다. 전문부서에 외부 전문가들을 영입하여 공공디자인의 전문성을 살리고 질적 수준을 올리는 것도 필요할 것이다.

(3) 공공디자인의 나아갈 방향

공공디자인은 공공미술, 도시계획, 건축, 실내건축, 조경 등의 다양한 영역과 조화를 이루고 통합과 소통을 해야 하는 분야이다. 그리고 무엇보다도 도시민의 일상의 삶의 모습을 담아내야 하는 그릇이다. 꼭 물리적인 그릇만이 아니라, 도시의 문화를 담는 그릇이 공공디자인의 앞으로 나아갈 방향일 것이다.

4.

도시환경디자인

고 성 종

강릉대학교 산업공예학과 교수

운이아트 조형연구소 운영
강릉대학 조형연구소 소장 역임
국립 현대미술관 작품수집 심의위원
서소문 근린공원 환경조형물 기획설치
신안해저유물 박물관 도자벽화 설치 외 다수

도시환경디자인

지구상에 한 생명이 태어날 때마다 자연이 조금씩 허물어진다고 한다. 또 이 세상에 어떠한 사람이 태어나느냐에 따라 자연의 보존이 달라진다고 한다. 그만큼 자연과 인간은 밀접한 관계를 유지한다. 물질 만능주의, 부도덕성으로 지구는 더워지고 생태계가 변화되어 도시환경의 공해를 초래하였다. 세계는 에너지 고갈, 인구 증가로 그 피해가 부메랑처럼 다시 우리에게 돌아올 것이다. 이 문제는 환경공학과 도시환경디자인에서도 함께 다루어야 할 것이다. 글로벌 시대 세계 공동체 의식과 협동정신으로 모두가 고민하고 개선하여 아름다운 자연을 보존하고 지키려는 홍보와 캠페인으로 지혜를 모아야 할 때이다.

1) 도시환경디자인

우리나라도 사회적으로 안정되고 국제적으로 세계 경제 11위의 대열에 올라 경제적인 면에서도 어느 정도 윤택해지는 등, 사회, 문화 등의 환경 변화가 이루어진 상황인 요즈음 점차적으로 환경디자인의 필요성이 대두되고 있다. 도시환경디자인은 현대 도심 사회에서 보여주는 모든 시각적 요소들을 디자인하는 분야이고, 도심의 질적인 가치 형성 구축과 인간 생활환경 전반에 걸쳐 미적 가치를 추구하고 가장 양질의 삶을 살 수 있는 쾌적한 도시환경을 만들어주는 것을 목적으로 한다.

도시환경은 깨끗한 거리, 공중도덕, 공공질서 등 공동체 의식을 기본 원칙으로 하여 추진해야 하고 이들이 선행되어야 한다. 위의 질서 위에 새로운 디자인, 서민을 위한 휴식 공간, 장애인을 위한 편리한 시설물, 볼거리가 있는 영역 및 공간을 보여주고 만들어주어야 한다.

도시다운 도시란 언제나 지속적인 새로운 창조의 노력과 관리, 보존, 투자, 그리고 도덕성과 질서의식이 요구되며, 이러한 일들이 종합적으로 조화를 이루고 실천

하는 과정이 도시환경디자인이다. 각국의 예를 들어보면, 유럽의 도시환경디자인은 도시 역사를 보존하는 방향으로 기울어져 있으며, 유럽 도시 대부분이 그들의 선조가 남긴 건축물, 유물에 의해 관광 수입을 올리며 경제를 이끌고 있다. 따라서 새로운 환경 연출보다는 보존하고 관리하는 측면이 강하지만, 한편으로는 미래의 도시를 볼 수 없다는 점을 특징으로 하고 있다. 프랑스의 첨단 라데팡스 지역이 그 좋은 예이다.

한편, 일본의 도시환경은 비교적 적은 경제적 투자와 기술로 자연경관을 우선적으로 보호하고 절약, 절제하는 인간의 기본 정신을 바탕으로 조원(造園)하는 일본 정원이 세계적으로 주목받고 있다.

미국의 환경디자인은 역사가 짧지만 끊임없이 노력하고 개척하는 자세로 공중도덕, 공공질서, 자유를 바탕으로 첨단과학, 엔터테인먼트를 근간으로 하여 언제나 볼거리가 있고 편리하며 안전을 우선으로 움직이는 도시, 쾌적한 개방 공간을 설치하여 마치 오케스트라가 연주하듯 도시의 소리가 들리는 도시를 만들고 있다.

프랑스 파리
스카이라인을 적용시킨 사례로 도시의 모든 건축물에 고도 제한을 한 파리 풍경은 한 폭의 그림과도 같고 예술의 나라를 연상케 한다.

미국 라스베가스
첨단 · 엔터테인먼트 · 미래의 도시 라스베가스는 세계인의 전문가들이 새로운 시대 변화를 경험할 수 있는 곳이다.

호주 시드니
오페라하우스의 풍경은 자연의 바다 색채, 건축물 구조, 휴식 공간의 조화로 아름다운 클래식 음악 소리가 들리는 곳이다.

2) 도시환경디자인의 영역과 범위

도시 색채, 거리 환경, 특수한 거리 환경, 거리 가구 및 시설물, 공공사인 및 상업사인, 개방 공간, 공원, 조형물 요소, 건물벽화, 상업건물 및 공공건물에서부터 이벤트, 위락시설, 국제 행사인 올림픽경기, 엑스포 행사 등 다양하고 아주 광범위한 범위를 지니고 있고 또한 이들의 역할이 다양하다.

(1) 도시 색채(Color Concept)

도심 안에는 상업건물, 주택 및 아파트건물, 공공건물 들 그리고 공업지역의 공장건물 등이 건축되어져 있다. 이러한 모든 건축물 외벽과 실내 벽면 공간에 조화로운 색채를 도입하여 쾌적한 시각 효과와 도시를 아름답게 하고, 깨끗한 분위기 연출로 많은 변화를 줄 수 있다. 이 분야는 비교적 적은 비용 투자로 도시를 새롭게 살릴 수 있다는 것이 장점이다.

미국 로스엔젤레스
마이애미 도시 색채를 도입한 초등학교 색채 컨셉은 화려하면서 신선한 감을 준다.

미국
제도나 지역이 지정한 색채는 자연의 흙색, 상업건물과 주거공간, 그리고 모든 건축물에 지정 색채를 적용시켰다.

경기도 일산 아파트 색채 디자인
아파트가 많은 한국에서 색채 디자인은 전문가에 의해 계획되어야 한다. 도시의 품격과 이미지가 쉽게 보이기 때문이다. 대부분의 아파트에는 많은 색채, 강한 색채와 지나친 그래픽디자인이 혼란스럽다. 특정한 지역을 제외한 주거공간 건축물에는 포근함, 편안함, 조화로운 시각 효과의 색채 적용이 계획되어야 한다.

미국 샌프란시스코 아파트 색채 디자인
도시의 색채는 우선적으로 지역 전체의 색채 범위를 지정해야 한다. 움직이지 않는 도시의 건축물에는 많은 색채 도입을 자제해야 한다. 그 이유는 움직이는 사람들의 색채가 화려하고 또한 거리의 사인, 윈도우 디스플레이들이 다양하고 요란스럽기 때문이다.

(2) 거리환경 디자인(Street Environmental Design)

도시에는 크고 작은 길이 있고, 교통도로, 기차와 전철이 다니는 철도, 사람이 다닐 수 있는 인도로 크게 구분되어 진다. 도시에는 교통 시스템이 매우 중요하며, 사람이 다니는 보행도로에는 안전과 깨끗한 환경을 제공해 주어야 한다. 모든 사람들은 거리로 나오고 싶어 하기 때문이다. 거리는 단순히 목적지를 가는 공간이 될 수도 있겠지만 때로는 걷고 싶은 장소로, 혹은 만남의 장소로, 또는 쇼핑의 장소로 사용되기 때문에 언제나 쾌적한 거리환경을 유지하여야 한다. 그러므로 다른 공간과 마찬가지로 사람들을 위한 볼거리가 있고 편리하게 머무를 수 있는 공간으로 디자인 계획되어야 한다. 또한 역사가 있는 거리, 얼굴이 있는 모든 사람들에게 기억에 남는 거리로 연출되어져야 하므로 디자인에 많은 노력을 기울여야 한다.

프랑스 파리
파리 도시의 중심지인 샹제리제 거리는 바닷가에서나 느껴볼 수 있는 모래밭, 사람들을 자연에 흠뻑 빠져들게 한다.

프랑스 리옹
백포도주 고장의 도심 거리는 낭만적이다. 오래된 건축물과 제한된 사인 디자인의 조화가 도시를 살리고 있다.

(3) 특수한 거리환경 디자인(Special Effect Roard Design)

대학로, 인사동과 같은 특수한 거리를 말한다. 외국 어느 도시에든 크고 작은 도시마다 특수한 거리는 대부분 계획되어져 있다. 한국의 경우 대부분 지역에 시장이 구심점이 되어 이러한 역할들을 수행하고 있지만, 앞으로는 외국의 경우와 같이 지역마다 특수성을 살려 계획하는 것이 좋다. 특수한 거리는 한 도시의 센터를 구축하고 있으며, 많은 사람을 끌어들일 수 있기 때문에 지역경제 또한 살릴 수 있다는 것이 장점이다.

서울 대학로
뒷골목의 거리환경(광고, 사인 등)은 그 지역에서 살고 있는 주민이 만들어야 한다.

프랑스 파리 루브르 박물관 주변의 거리환경
거리에 인파는 많지만 질서가 있고, 거리 상점은 많지만 음식을 파는 곳은 없다. 그리고 공중도덕이 발달되어 소리를 크게 내거나, 과격한 행동, 휴지를 안 버리는 등 주민과 관광객이 거리를 만들어 간다.

(4) 거리가구 및 시설물 디자인(Street Furniture & Eqipment Design)

차도, 인도 등 모든 거리 혹은 공간에 설치되어지는 시설물들을 거리가구라고 말한다. 주거 공간에 비유한다면 소파, 침대, 화장대와 같은 가구를 의미한다. 도시환경 내에서 휴지통, 벤치, 가로등, 사인판 등 시각적으로 볼 수 있는 모든 시설물들이 거리가구에 속하고 있으나, 우리나라에서는 아직까지 이러한 분야를 조경분야에서 다루고 있기 때문에 어설프고 영세하며 디자인다운 디자인이 드문 것이 현실이다. 또한 기 설치된 시설물이라도 잘못된 곳에 세워져 있고 온통 광고로 덮여 있다.

미국 시애틀
거리가구의 하나인 대중버스 쉼터 디자인, 도시의 이미지나 주변 환경의 조화를 이루고 범죄로부터 위험을 막기 위해 투명유리로 디자인되었다.

서울시내 거리에 놓인 독 화분대
원두막 쉼터 기능은 있지만 시각 공해가 될 수도 있다.

서울 종로
주차장 환풍을 위한 시설물에 부착된 민자 유치 광고물, 시설물에 아무리 좋은 재료와 디자인을 해도 공공시설물에 상업광고가 부착되면 대중들은 시설물에 주인 의식을 갖지 않으며, 때론 시각 공해로 이어진다. 꼭 민자 유치를 할 경우 시설물과 조화로운 공간 배분, 위치, 좋은 디자인 등이 이루어져야만 도시를 살릴 수 있다.

서울 광화문
휴식공간의 기능을 가진 거리의 쉼터는 잠시 휴식을 도와줄 수 는 있지만 시각 공해가 될 수 있다. 현대 건축물, 첨단의 거리에 재질과 변형된 우리의 건축양식, 디자인 등이 조화를 못 이루기 때문이다.

거리가구는 보행자에게 편리를 제공해 주는 역할도 하지만, 위험으로부터 보행자를 보호해 주는 기능도 함께 수행한다. 뿐만 아니라 거리의 품격이고 미관이기 때문에 거리가구 디자인도 지역의 특성을 살려 주변 환경과 조화로운 디자인 연출이 필요하다.

(5) 공공사인 및 상업사인 디자인(Public & Commercial Sign Design)

공공사인이란 차량을 위한 교통사인과 거리 주변의 안내사인, 그리고 상업건물에 설치된 상업사인 등을 말하며, 시설물이나 부대 시설물들을 이용하기 편리하도록 도와주고 낯선 곳에서 방향 안내, 목적지 안내와 그리고 안전한 곳으로 모든 정보를 안내할 수 있도록 유도하는 역할을 한다. 또한 어느 지역의 역사와 변천 과정, 지역의 발전상 등 다양한 안내를 하는 기능을 가지고 있고, 무엇보다 잘 만들어진 사인은 도시의 면모를 새롭게 해줄 수 있다.

대부분 공공사인은 정부의 법규로 설치되지만, 보다 나은 위치 선택과 디자인이 요구되는 설치물이다. 예를 들어 공공사인 디자인은 크기가 일정하고 서체는 기본서체를 사용해야 하는데, 이상한 디자인체를 사용하게 되면 대중성이 떨어진다. 이는 다른 지역에서 온 사람도 한눈에 알아볼 수 있어야 하기 때문이다. 따라서 쾌적한 도시환경의 이미지는 거리에 설치된 사인물들이 어떻게 디자인되었고 설치되었느냐에 따라 도시가 달라질 수 있다. 단, 공공사인에는 가급적 민자 유치 광고가 자제되어야 한다.

거창군 도시 경계에 설치된 게이트 사인 디자인. 도시를 알리는, 많은 말 등 광고 효과는 좋겠지만, 좋은 도시의 이미지라고 볼 수 없다.

서울. 건물에 창문만 제외하고 사인으로 도배되었다. 전문적으로 상권을 가진 주인도 경제적 손실이 많고, 도시도 발전할 수 없다.

영국 런던

런던의 상업사인 디자인은 간단명료하며, 도시의 깨끗한 이미지를 제공해 주고 있다.

영국 런던의 사인 디자인

사인물은 도시를 도시답게 만드는데 많은 비중을 차지하는 시설물이다.

경부 고속도로에 설치된 솔라 시스템을 이용한 가로등 설치물

차량 운전자를 위한 교통시설물에는 절대로 상업사인이 설치되어서는 안 된다.

뉴질랜드 오클랜드

빅토리아 거리에 설치된 거리 안내사인과 상업사인 디자인이 잘 정리되어 있다.

프랑스 파리

도심에 설치된 공공사인으로 지역 방향, 주차 정보, 가로등 등 여러 기능을 가진 시설물을 주민 혹은 관광객에게 꼭 필요한 시설물 중 하나이다. 재료의 견고성, 규칙, 위치, 색채, 디자인, 안전성 등이 한국 설치물과 많은 비교가 된다.

(6) 공원 디자인(Park Design)

도심 속에서 공원은 휴식 공간 기능, 복잡한 도시생활 속의 에너지 축적 등 많은 기능을 가지고 있어, 도심 안에는 꼭 필요한 공간이라 할 수 있다. 아파트를 건축할 때도 공원 면적과 공간의 성격에 따라 가격이 달라진다.

공원의 유형으로는 일반 공원, 포켓공원, 미니공원, 주제공원, 국립공원, 위락공원, 어린이 놀이공원, 레크리에이션 공간 등이 있다.

① 일반 공원 - 일반인들이 사용하도록 기본적인 시설물들이 설치되어 있는 공원

② 포켓공원 - 직장인들이 휴식시간 혹은 점심시간에 많이 이용하고 도심으로 쇼핑을 나온 사람 등 잠시 휴식을 취할 수 있는 규모가 작은 공원으로, 그늘을 제공할 수 있는 가로수, 구조물과 벤치, 그리고 간단한 시설물 설치로 구성 연출하는 공간

③ 미니공원 - 주택지역의 주거공간에 유아와 어린아이들이 이용 가능한 작은 규모의 공간으로 간단한 거리가구와 시설물들이 설치되어 있으며, 동네 이웃 주민들과의 교류 및 아이들과 이용할 수도 있는 공간

④ 주제공원 - 올림픽공원, 목동의 파리공원과 같이 국제적 행사 등을 기념할 때 주제를 가지고 계획되는 공원으로 규모가 크고, 이 공간에서 가족들이 하루 정도 볼거리를 제공해야 하는 비교적 큰 규모와 의미가 있는, 특징 있는 구조적 연출이 필요

⑤ 국립공원 - 설악산, 지리산과 같이 규모가 아주 큰 공원으로 정부가 관리하며 세계인이 찾아오는 장소로 대부분 입장료를 받는다. 대자연의 모습을 그대로 보존 혹은 관리를 철저히 유지시켜 아름다운 자연을 제공해 주는 곳

⑥ 위락공원 - 에버랜드, 민속촌, 디즈니랜드 등을 말하며, 이 공간은 상업공간으로 입장료를 많이 받고, 도심에서 볼 수 없는 놀이 공간, 휴식 공간, 그리고 주제가 있는 많은 볼거리를 제공하는 곳

⑦ 그 외에도 어린이 놀이공원, 레크리에이션 공간 등이 있으며, 각 공원별로 각기

다른 기능을 가지고 있다.

미국 로스앤젤레스 맥아더공원 디자인, 도심에는 많은 공원이 확보되어야 하며, 특히 신도시를 계획할 때 녹지대를 더 많이 할애해야 한다.

미국 글렌데일
초등학교에 설치된 놀이공원 디자인, 놀이시설물들은 시대적으로 변화되고, 발전되어야 한다.

한국 도심 미니공원에 설치된 그네
시설물은 견고한 재료 사용, 안전성, 새로운 디자인, 그리고 색채를 잘 도입해야 한다.

서울 광화문 포켓공원 디자인
도시민 모두가 이용이 가능하도록 철저한 관리와 청소를 주기적으로 해야 한다.

미국 시카고
나무 몇 그루가 포켓공원이 될 수 있으며, 많은 사람들이 만족하고 있다.

(7) 조형물(Monument)

도시 속에 공간과 공간 사이, 빌딩 주변, 공원 등 다양한 장소에 주제를 가지고 설치된다. 조각작품, 상징 조형물, 현충탑, 그리고 상징 타워도 규모에 따라 이 분야에 속한다.

미국 로스앤젤레스
로스앤젤레스 다운타운에 견축된 개방 공간에 조형물이 세워졌다. 조형물의 의미는 지역의 발전상을 나타내고 있고, 지하는 주차장으로 사용되고 있다.

프랑스 루브르 박물관
루브르 박물관 내에 설치된 조각물 디자인, 사람과 똑같이 만들어져 착시현상을 일으키게 한다.

미국 로스앤젤레스
박물관 내에 설치된 조형물 디자인, 분수로 움직여지는 조형 꽃은 아름답다.

(8) 건물 벽화(Super Graphic & Mural)

현대 도시는 자연을 허물고 인위적인 행위를 추구함으로 인해 자연 친화적인 도시환경보다는 미래를 꿈꾸는 인공도시로 탈바꿈하고 있었으나, 최근에는 이러한 도시환경에 다시 자연과 예술을 끌어들이는데 시선이 집중되고 있다. 그러나 이러한 상황에서 유의해야 할 점은 잘된 디자인은 도시를 살릴 수 있고, 그렇지 못한 것은 도시를 혼란에 빠지게 할 수 있다는 문제점도 함께 생각을 해야 한다는 것이다.

이러한 점에서 볼 때, 건물 벽화는 삭막한 도시를 살아 숨 쉬게 하고, 삶에 활력을 주는 거리 공간예술 분야이기도 하다.

미국 시애틀
버려진 벽면을 이용한 벽화는 도시환경을 바꾸어 놓을 수 있다.

경기도 구리시
아파트 벽면에 봄철의 자연경관을 나타낸 벽화 디자인

미국 로스앤젤레스
옷을 파는 점포 건물 외벽에 그려진 벽화 디자인. 도심에서 버려진 벽 공간을 활용한 벽화 디자인은 세심한 평가로 제작되어야 한다. 작품이 기준치에 도달 못 하면 환경이 나빠질 수도 있기 때문이다.

(9) 상업건물 및 공공건물 디자인(Architecture)

상업건물, 공공건물의 외관과 로비 등의 공간디자인을 말한다. 도시는 건축물 디자인에 따라 도시다운 도시가 되기 때문에, 디자인을 고려하지 않은 건축물은 단순한 공업지역 건축물로 치부될 수도 있기 때문에 도시환경을 고려한 건축물을 조성하기 위해서는 차별 있는 디자인과 계획이 수반되어야 한다. 우리나라에서도 최근에 아파트 건물을 특성 있게 건설하고자 하는 지침이 마련되어 향후에는 기존의 아파트 단지의 모습을 탈피하는 계기가 될 것이다. 그러나 선진국에서는 디자인비에 대한 별도의 법규가 마련되어 있지 않아도 자진해서 투자자가 차별 있는 새로운 건축물을 건설하고 있으나, 우리나라에서는 얼마나 좋은 건축물이 탄생될 지는 미지수이다.

영국 런던
이 상업빌딩 디자인에서는 유리를 많이 도입하고 있으며, 런던의 도시는 특히 새롭게 건축되는 건축물에 유리를 사용하고 있다.

프랑스 파리
첨단의 도시 라데팡스 건축물들로 이곳은 많은 제한을 받지 않는 미래의 도시이자 많은 개방공간 확보가 특징적이다.

미국 샌디에이고
정부에서 운영하는 자연 박물관 내에 건축된 식물원 디자인- 오래된 건축양식을 도입한 디자인이 친근감을 준다.

프랑스 파리
현대 건축물은 하늘로 계속 치솟고 있다. 또한 현대 건축공학은 최대한 자연을 많이 허물지 않고 가장 높게 올리느냐가 관건이 되고 있다.

(10) 개방공간 디자인(Open Space)

도시 안에는 기능공간, 상업공간, 부대공간, 자연공간, 설비공간 등으로 크게 분리된다. 여기에서 말하는 기능공간은 뒷골목이나 사잇길, 산책길, 가로수 길 등 기능을 내포한 공간을 말하며, 상업공간은 말 그대로 시장, 마켓, 광장, 지하상가 등 여러 상업권이 모여 있는 곳을 의미한다. 또한, 부대공간은 주차장, 유원지, 공원, 운동장 등을 말하며, 자연공간은 부두나 언덕이 자연스럽게 만들어진 공간을 말한다. 한편, 설비공간은 철도 주변이나 고가도로 주변, 또는 인터체인지 교각 주변 등을 말한다.

영국 런던
개방공간 안에는 역사, 문화, 그리고 민족의식이 함께 담겨져 있다. 도시환경디자인은 도시를 살리고, 국가 위상도 높일 수 있는 분야이다.

서울 광화문
복잡한 도심 안에는 개방공간 확보가 중요하다. 개방공간은 짜증스러운 도심 생활을 해소해 주는 역할과 시민들에게 숨쉴 수 있는 기능을 제공하고 있다.

미국 로스앤젤레스
다운타운에 건축된 개방공간은 메마른 도시의 분위기를 자연 분위기로 바꾸어주고 있다.

프랑스 파리
나폴레옹의 위상으로 건축된 광장들을 현대광장(Plaza, Square) 혹은 개방공간(Open Space) 이라고 한다.

도시 안에서의 이러한 모든 공간을 총체적으로 개방공간이라고 하며, 개방공간 각각의 의미와 특징을 살려 연출 및 디자인하는 일을 개방공간 디자인이라고 한다.

서울 내의 도시 개방공간은 청계천, 시청 앞 잔디광장, 대학로 주변에 있는 작은 규모의 야외 다목적 공간들, 공원이나 광장거리, 강변, 옥상, 공공장소, 야외 공간들이다. 이들 개방공간은 도시인들이 자연과 접촉하고 싶은 욕구를 해결해줄 수 있는 완충공간이다. 따라서 자연과 인간이 공존할 수 있는 방향으로 개발을 해야 한다. 도시의 개방공간이 자연의 질서와 인간의 욕구 사이에 균형점을 찾아 개발된다면 자연보호 및 생태계 보존에 일익을 담당할 수 있다고 본다. 이 점에 있어서 인내심을 갖고 각별한 주의를 기울여야 한다고 생각한다.

도심의 개방공간은 자연과 접할 수 있는 기회와 더불어, 남녀노소가 쉽게 접근하여 이용할 수 있는 시설물들이 구성되고 제공되어야 한다. 휴식과 활동적인 놀이, 국제행사, 대규모 군중집회 등 다양한 활동을 수용할 수 있는 시설이 마련되어야 한다.

기존의 도시 개방공간을 제대로 활용하는 방안과 더불어 새로운 개방공간을 확대할 필요가 있다. 그동안 공간 활용이 안 되고 개발에서 제외된 지역, 즉 강가, 옥상, 저수지, 뒷골목 등을 개방공간으로 새롭게 디자인하여 우리의 삶의 터전에 편입시킨다면 보다 풍부한 삶을 가져올 수 있다.

이러한 새로운 공간을 찾아내고, 기존 개방공간을 지역 주민의 생활에 맞는 방향으로 개발 발전시킨다면 선진 도시로 가는 길이 조금 더 가까워질 것으로 본다.

개방공간은 단지 비어있는 공간이 아니라 도시인이 답답한 도시 생활에서 숨을 돌릴 수 있는 공간이라는 인식이 확산되어야만 개방공간 디자인도 보다 효율적으로 이루어질 수 있다. 따라서 개방공간 디자인은 서울시의 도시 계획 속에 반드시 포함돼야 한다고 본다. 뒤늦은 감은 있지만 청계천 개방공간 연출은 많은 호응을 얻었으며 성공한 예로 볼 수 있다.

3) 미래의 도시공간 연출

도시는 주민들의 생활문화(Life & culture), 일거리(Job & Work), 놀이(Play), 그리고 즐겁고 재미있는 오락(Entertainment) 등으로 구성된 하나의 박물관과 같다. 따라서 다양한 유형의 공간 형성이 되어 있고, 다양한 사람들이 존재하고, 다양한 삶의 모습을 띄고 있다. 그리고 그 모든 것에는 디자인이 존재하고 있다. 그러므로 도시는 디자인의 복합체인 셈이자 언제나 새로운 디자인이 등장하는 디자인의 실험실이 되기도 한다.

디자인 중에서도 가장 중요성이 높은 분야가 도시 공간 계획 연출과 디자인이라고 생각한다. 역사적 의미가 있는 건물을 복원하거나, 낡은 건물을 허물고 새로 지을 때, 혹은 새로운 건물이나 시설물을 지을 때, 기존의 주변 환경을 고려하여 자연의 선(Skyline)을 적용시켜 우리만의 청사진을 그릴 수 있어야만 자연과 인공이 조화를 이루는 미래의 도시를 만들 수 있다.

가장 이상적인 도시는 자연을 근원으로 한 녹색도시로 계획, 연출돼야 한다. 지금 세계는 쾌적한 환경을 위해 녹색운동을 전개하고 있다. 뉴욕에서는 주거 공간 지붕에 자연을 끌어들이는 녹색환경운동을 벌이고 있다. 이러한 녹색운동의 중심에는 도시 개방공간의 효과적인 디자인이 존재하고 있으며, 그린벨트로 둘러싸인 도시에 접근이 용이하고 자연 친화적인 시민공원, 체육공원 등 개방공간이 확보될 때 그 도시에 살고 있다는 자부심을 갖게 된다. 따라서 개방공간 디자인을 염두에 두고 계획된 녹색 도시가 미래의 유토피아인 것이다.

서울의 경우, 남산을 중심축으로 한강변과 주요 간선도로, 공원 등의 녹지대, 외곽 지역, 북한산, 도봉산, 관악산을 조화롭게 연계하여 그린 네트워크 환경을 형성하는 일이 절실하다. 그러므로 서울을 아름답고, 살고 싶은 꿈의 도시로 개발하기 위해서는 많은 분야에 걸쳐 많은 사람들의 계획성 있고 인내심을 가진 노력이 요구되며, 전문성을 가진 기관의 조언과 확신, 그리고 용기를 지닌 주민들의 잠재력 참여가 어우러져 함께 만들어 나가야 할 것이다.

5.

공공건축과 가로환경 디자인

안 진 근
계원조형예술대학 전시디자인과 교수

계원조형예술대학 전시디자인과 겸임교수
(주)헥터 커뮤니케이션 이사
한성대학교, 여주대학 겸임교수 역임
(사)한국공간디자인학회 이사
서울시 공공디자인 집필위원

공공건축과 가로환경 디자인

도시란 광범위하고 다양한 계층과 성격의 사람들이 더불어 살아가는 곳이다. 인간과 인간, 인간과 자연환경, 자연환경과 건축물이 함께 어우러져 효율적인 조화를 이루는 장소이기도 하다. 이러한 도시환경은 인간, 건축물, 자연환경이 적당한 비율로 조화를 이룰 때 인간의 삶의 질을 높일 수 있다. 따라서 도시환경의 구체적인 목표는 인간의 안정성, 건강성, 쾌적성을 확보하는 것이라고 할 수 있다.

도시의 공간을 만드는 것은 환경에 대한 인간의 가치관, 태도, 의견, 행동에 결정적인 영향을 미친다. 환경과 인간은 함수관계를 갖고 있으며, 이에 따라 인간의 행동은 결정되는 것이다.

우리나라도 경제성장과 더불어 도시의 인구 집중 현상이 가속화되고, 도시의 구조와 기능이 다양해짐에 따라 도시환경에 대한 관심이 고조되고 있다. 이러한 현대인의 관심은 도시환경의 디자인 설정 문제가 그 도시의 생명력에 중대한 관건이 된다는 사실을 다양한 경험과 시행착오를 거치면서 인정하게 되었고, 도시환경의 디자인 수준이 시각적으로나 심리적으로 도시인의 생활에 미치는 영향이 지대하다는 것도 인지하게 되었다.

현대의 도시 건축 환경은 디지털 환경과 네트워크 시스템의 구축으로 인하여 기존 마감재의 물질적 부분을 시각적, 심리적, 지각적 측면에서 초월하려는 특성을 보인다. 또한 형태적 차원의 구축적 가치와 장소성으로부터 이탈 현상을 보이며 경계의 모호함에서 기인하는 내·외부 공간 간의 상호 침투성의 확대 현상을 보인다. 이때 공간을 형성하는 벽체는 외부와 내부의 관계성을 조절, 통제하며 형태의 구축 수단으로서의 총체적인 조절을 요구한다. 결과적으로 공간 형태의 구성 요소로서의 전통적인 입면은 점차 거부되고 자유로운 형태의 추구와 나아가 외부와 공간의 새로운 관계성을 요구하게 된 것이다.

1) 외부환경

현대 도시는 매우 빠르게 변화해가고 있다. 초고속 이동수단의 발달로 현대 도시인들의 공간 사용 범위는 갈수록 확장되고 있다. 이러한 상황 속에서 건축은 인간과 환경을 연결하는 하나의 매개체로, 건축의 요소인 도시, 대지, 공간, 구조 등이 얽힌 관계에서 하나의 시스템을 만드는 것이다. 인공 환경으로써의 건축은 양적 팽창을 거듭하는 동안 자연환경을 잠식하였다. 따라서 현대 건축은 도시의 생태 관계에서 얼마나 건강한 관계를 유지하는가가 좋은 건축, 나쁜 건축의 기준이 되고 있다.

기본적으로 건축은 우리의 환경을 최선의 수준으로 유지하는 하나의 시스템이다. 그렇다면 우리가 속해있는 환경이란 것은 무엇인가? 환경의 의미는 매우 넓지만 크게 사회적 인문환경과 자연환경으로 대별할 수 있다. 여기에서 사회적 인문환경은 건축과 문화 행위가 되는 한편, 지구의 환경에서 건축은 또 다른 큰 틀에서의 환경인 자연환경을 바탕으로 성립된다. 보다 직접적인 생태환경으로 말하자면 주로 대지, 열, 빛, 공기환경이 관련된다. 건축은 대지를 빌려 쓰고 빛과 열온을 자연에서 얻고 공기를 호흡해야 한다. 그런데 건축은 너무 이 환경자원을 무책임하게 빼앗는다.

현대 도시의 건축환경은 기술의 개발과 건축재료의 다양화로 디지털 건축에서부터 그린 건축까지 광범위하게 나타난다.
〈사진. 좌〉는 일본 동경에 위치한 소니빌딩의 전경이다.
〈사진. 중〉은 미국 텍사스 산 안토니오의 주상복합건물인 워터가든의 외부이며,
〈사진. 우〉는 미국 오하이오주 클리블랜드의 보험회사 본사 빌딩이다.
이처럼 도시의 건축들은 그 지역의 특성에 알맞게 설계되고 만들어지고 있다.

이러한 상황 속에서 환경자원에 대한 무책임한 대처라는 문제의식을 좀 더 심각하게 고려하며 지구 생태의 보존과 건축 행위를 동조시키고자 하는 뜻이 있는데, 이러한 개념을 녹색건축(green architecture) 또는 생태학적 건축(ecological architecture)이라 한다.

우리가 건축미를 느끼는 경우는 일반적으로 회화 및 조각 등의 다른 조형예술과 마찬가지로 건축 이론을 통하여 의도적으로 그 아름다움을 이해하려는 것이 아니라 자연스럽게 쳐다봄으로써 건축물의 형태, 재료의 질감, 색채 등이 나타내는 조형적인 표현에서 아름다움을 느낀다. 건축은 인간 생활을 영위하기 위한 다양한 요구를 충족시켜 주기 위해 존재하기 때문에 조각이나 회화처럼 단순히 미적인 아름다움만을 추구할 수 없으며, 반드시 기능적인 측면을 고려해야 한다. 이처럼 건축에 있어서 미와 기능은 필요충분조건의 관계에 있다. 이에 덧붙여서 건축에 있어서는 구조의 역할이 대단히 중요하다. 마치 구조적으로 차체에 결함이 있으면 안정성이 결여되어 생명의 위험을 느끼듯이, 건축에 있어서 구조적 안정성의 확보는 형태와 기능 못지않게 중요하다.

현대 건축물은 주변의 건물이나 자연과의 밀접한 상호관계 속에서 좋고 나쁨이 평가된다. 홀로 존재하는 건물은 없다. 홀로 존재하더라도 반드시 주변에는 자연환경이 존재한다. 주변 환경과 대비적인 효과를 추구할 수도 있고, 주변 환경에 순응하는 조화를 추구할 수도 있다. 이때 주변 환경과의 관계를 맥락(context)이라 한다.

아름다움을 추구하기 위한 디자인 이론들은 고정되어 있지 않다. 시간의 흐름에 따라 변화한다. 요즘처럼 유행의 주기가 짧은 시기에는 더욱 그렇다. 건축의 디자인 역시 역사적으로 많은 변화를 보여 왔으며, 지역적, 민족적, 집단적으로도 많은 차이를 지니고 있다. 이러한 차이를 유형별로 분류한 것을 양식이라 한다. 오랜 역사에 걸쳐서 사람들은 자신들의 이상과 필요에 맞는 건물을 지어왔다. 건축양식은 이러한 과정을 통해 탄생되었으며, 이때 양식이란 어느 한 시대, 어느 지역의 건축에 나타나는 공통적 특징을 나타낸다.

특히 다른 어느 분야보다도 건축양식은 고대로부터 중세, 근대를 거쳐 현대에 이르기까지 조형 표현상의 특징을 지니고 있다. 최근의 현대 건축은 어떤 특정한 사조로 정리되지 않고 다양한 경향을 보임에 따라 건축미에 대한 이론 역시 고정된 논리보다는 다양성을 지니게 된다. 근대 이전만 해도 각 시대마다 그 시대를 대표하는 독특한 건축 구성 원리와 특징이 있었다. 그러나 현대 건축에서는 다양한 현상이 공존함에 따라 구성 원리 또한 다각적인 해석이 요구되며, 이를 위해서는 그러한 건축을 낳게 한 문화적, 사회적 상황에 대한 이해가 병행되어야 한다.

예술가들은 자신들의 작품이 명성을 얻고 오래 남기를 바란다. 건축가들도 다른 예술가처럼 자기 건축에 조형예술을 접목시켜 아름다움을 추구하려 한다.
〈사진. 좌〉는 홍콩의 리포센터 전경이고,
〈사진. 우〉는 프랑스 뚜르의 떼아뜨르 건물로 조형성이 돋보인다.
이러한 건축의 조형예술은 그 지역의 특성과 잘 조화되어야 한다.

2) 외부재료

건축물은 도시공간 속에서는 개별의 오브제로 도시와 상관관계를 형성한다. 도시의 환경과 경관은 건축물의 생김과 기능, 그리고 그로부터 발산되는 가치에 의해 재구성되고 그러한 영향력은 구성 인자들이 만들어내는 생활이라는 요소에 의해 재구성된다. 도시환경이나 경관적인 측면에서 볼 때 건축물의 외부 디자인이나 마감재의 가시성은 도시의 미관을 책임지는 중요한 시각적 요소가 된다. 고대에서부터 현대에 이르기까지 수많은 시간에 걸쳐 다양한 건축 사조들이 생겨나고 번성을 하고 소멸되어 갔다. 예전 아르누보시대의 건축물의 외부는 도시 경관과 환경, 그리고 사회 전반에 걸쳐 큰 충격을 주었다. 아르누보 운동의 요체가 기존 고딕양식의 보수성과 규칙성에 대한 상대성의 원인에 의해 자유곡선과 다채로운 입면으로 나타나 세계적으로 유행하였다.

아르누보 운동의 정신은 상대적으로 짧은 역사성을 갖지만 그 정신은 세계 도시들의 건물에 면면이 남아있다. 현대 건축물의 외부 디자인은 건축 재료의 다양성, 테크놀로지의 발전 등에 따라 다양한 기능성을 수반한 가운데 다양한 모습으로 도시공간에 존재한다.

로마시대의 건축적 번영을 이룩한 조적식 로만 콘크리트를 이용한 볼트(vault) 구조의 개발부터 금속과 유리를 이용한 하이테크까지 건축에 있어서 새로움에 대한 충격은 늘 새로운 재료, 신기술에서 비롯되었다. 건축에 대한 보통 사람들의 견해는 재료의 표현에 대한 반응일 수 있으며 건축가나 디자이너에게 있어서도 재료는 외관을 결정하고 공간을 창출하는 중요한 요소인 것이다.

현대 건축의 외부 디자인이 장식의 영역에서 확대되어 복합적인 매체와 기술의 적용으로 건축과 사람, 공간 그리고 시간축이 첨가되어 설치와 교체의 빈도가 잦아지는 동시에 현대의 유행과 사조를 반영하는 속성을 지니게 되었다. 이러한 건축의 외부 공간에 나타나는 마감재의 다양성은 디자이너의 구성적 역량을 표현할 수 있는 하나의 영역으로 중요한 의미가 있으며 주위 환경이나 콘텍스트(context)와의 순응적 접근 방법이 필요하다. 나아가 건축의 외부 디자인은 도시와 건축이 만나는 접점이자 도시와 건축이 공유하는 문화의 접점으로까지 확대시킬 수 있다.

최근 건축물들은 1960~1970년대에 비해 외부 연출을 통한 조형적인 표현을 시도하고 있으며 공간 자체만을 주개념으로 고집하던 근대 건축과는 달리 외부 마감의 구성을 통하여 다면화된 문화 욕구에의 충족과 도시환경의 중요한 그래픽 요소로 활용되고 있는 추세이다. 이는 현대 건축 공간의 디자인 과정에서, 특히 건물 외부의 마감 구성 요소가 지니는 의미의 중요성은 건축의 조형성 외에도 수많은 개념과 논리를 함축적으로 담고 있는 동시에 강력한 의사전달의 수단으로서의 표현

건축물의 외부 마감재 선택에 따라 그 건물은 물론, 주변환경과 도시환경에까지 영향을 미치므로 건축가들은 외부 마감재의 선택에 신중을 기하여야 한다.
〈사진〉은 강남의 교보타워로 붉은 벽돌을 마감재로 사용하였다

언어가 되기 때문이다. 나아가 건축가와 디자이너가 공간의 외부 디자인을 통하여 공간의 이미지와 질서 및 형태의 구성을 어떤 체계를 갖고 행하는지 암시적으로 전달하며, 궁극적으로는 설계 시 인테리어 내부의 기본적인 표현 기법을 파악할 수 있기 때문이다.

재료에 의한 구성은 알루미늄 복합 패널, 석재, 외단열공법, 유리, 노출 콘크리트, 타일, 적벽돌 등을 각자의 개성을 표출하고자 단열재뿐만 아니라 재료를 복합적으로 사용하고 있다. 이러한 재료 중에서 특히 유리, 플라스틱 등의 경량재 사용이 증가하고 있는데 이는 미디어 매체의 활용, 조명 효과로 인한 색채 활용 등의 건축 요소가 자유로운 표현 영역을 제공하게 된다. 유리 사용 등으로 인한 건축 외피의 투명성은 외부공간과 내부공간을 연결시키며 사람들의 시선을 유도하여 건물 내부로 유인하는 중요한 기능을 수반하며 때로는 건물 외벽 전체가 광고판의 역할을 취하게 된다. 건축가나 디자이너가 재료를 선정할 때 클라이언트로부터 원하는 건축물의 용도와 기능, 이미지를 요구받고 그것에 대한 대안을 형태와 공간을 통한 작업으로 진행하고, 최종적으로 경제성 및 주변 환경을 고려하여 마감재를 선택해야 한다.

최근 도시의 건축 마감재로 건축물의 투명성을 확보하려고 유리나 아크릴을 많이 사용하고 있다. 건축에서의 투명성은 재료와 빛을 통하여 반사, 투과의 특성으로 내부공간의 확장이나 외부의 친환경적 요소들을 내부로 끌어들여 공간적 깊이를 더해준다. 근대의 건축적 경향들 속에서 건축 재료로서 유리가 갖는 의미는 단지 공간의 인식이 아니라, 차단의 요소를 제거하여 주변과의 연결과 자연을 도입

시키는 커뮤니케이션의 역할을 한다고 볼 수 있다.

투명성은 현대 건축에서 중요한 커뮤니케이션의 도구로 역할을 수행하며 자연이나 외부 환경의 도입으로 건축의 깊이를 더해주는 디자인적 요소라 할 수 있다.

현대 사회에서 가장 커다란 변화는 IT산업과 멀티미디어의 발전이다. 이와 같은 새로운 기기가 가져온 변화의 특징은 거리의 의미가 상실되면서 발생되는 현상의 동시적인 진행이라 할 수 있다. 이러한 현상에 투명성을 이용하여 동시적인 효과를 표현하는 건축이 많이 만들어지고 있다. 즉, 이러한 시대에서는 일정한 시간에 불특정 다수의 대중에게 신속하게 자신의 정보를 수집할 수 있어야 하는 것으로

건축에서 투명성의 확보는 개방성과 접근성이 용이하고, 대중적이고 친숙한 이미지를 제공한다.
〈사진. 좌〉는 샌프란시스코의 소니빌딩의 전경이고,
〈사진. 중〉은 동경의 국제포럼센터,
〈사진. 우〉는 파리 샹젤리제 거리의 퍼블리시스 드러그 스토어이다.
위의 사례들은 모두 큰 규모의 건축물임에도 불구하고 투명한 재료의 사용으로 위압감보다는 친숙한 느낌으로 다가온다

현대 도시 건축에서 외부 공간의 역할은 매우 중요하다. 특히 오피스 건물의 외부 공간은 일에 지친 직장인들에게 휴식과 활력을 주는 역할을 한다.
〈사진. 좌〉는 미국 골든 발리의 제네럴 밀즈 코퍼레이트 외부공간이다.
〈사진. 중〉은 동경의 IBM 빌딩의 외부 친수 공간이며,
〈사진. 우〉는 건물과 건물 사이의 휴식공간과 조형물의 모습이다.(일본)

서, 두 매개체 사이를 차단하는 요소가 적을수록 그 효과가 증대되어질 수 있는 것이다. 건축물이 대중에게 제공하고자 하는 메시지는 건축물이 담고 있는 내용물을 효과적으로 전달할 수 있어야 하고, 또한 일반 대중들이 그 건축물로부터 자신이 원하는 정보를 쉽게 취할 수 있는 형태로서 나타나게 되는 것이다.

3) 외부 디자인 요소

도시의 건축물 전면(facade)은 다양한 기능을 도시민에게 제공한다. 첫째, 상업 공간에서 판매하는 상품이나 경영 원리 등을 나타내는 점포의 상징적 역할을 한다. 둘째, 사람들을 점포로 이끄는 견인 역할을 한다. 셋째, 거리나 상가가 늘어선 인도로부터 점포 안까지의 물리적 전이 요소를 제공하며 도시민들에게 볼거리를 제공한다. 1990년대 이후 상업 공간에 있어서 파사드의 구성 요소들에 의한 다양한 기법들은 유형화, 다원화 경향으로 진행되고 있다. 최근 나타나는 브랜드 매장의 외부 연출의 경우, 공간 형태와 패턴에 의한 구성을 살펴보면, 정방형 그리드를 통한 안정적인 단순한 구성과 질서를 외부 공간의 표현 체계와 충돌시킴으로써 이질적인 면의 분할, 중첩 등을 강조하는 대립적 구성이 주된 경향을 띠고 있다. 패턴에 의한 구성은 정방형과 직방형의 혼합형 그리드를 통한 분할과 증식의 기법이 많이 사용되고 있다. 이때 사인과 건축적 디테일이 조명이나 색채 효과에 의해 악센트 요소로 사용된다.

상업 건물의 전면은 일정한 간격을 두고 사람과 상품이 접촉하게 되는 독특한 요인으로, 매장의 경영과 상품이 점포 전면의 디자인 환경에 의해 영향을 많이 받는다. 따라서 처음 고객의 시선이 닿는 파사드는 주변과의 조화 등이 도시환경 차원에서 디자인되어야 하며, 인간(소비자)과의 커뮤니케이션이 최초로 이루어지는 곳이므로 불특정 다수의 통행인에게 공감을 형성하고 이미지 만들기의 강력한 매개체로서 기업의 정책이 반영되어야 한다.

파사드의 요소는 일반적으로 쇼윈도를 비롯하여 배너(banner), 차양, 셔터, 출

상업 건축의 파사드는 건물과 도시의 미관뿐만 아니라 매장의 매출과 관계가 있기 때문에 매장의 성격과 소비자의 심리를 잘 파악하여 디자인해야 한다.
〈사진. 좌〉는 젊은 사람을 타겟으로 하는 일본 동경의 패션숍 파사드이고,
〈사진. 우〉는 베를린에 있는 갤러리 라파에트 백화점의 파사드 전경이다.

입문 등으로 구성되며, 이러한 요소들이 상업건축의 외부특성을 잘 활용하여 하나의 컨셉을 가지고 디자인이 되면 점포와 건물의 이미지도 높아지고 사람들에게도 즐거움을 줄 것이다.

상업 건축물에서 점포 전면에 위치하는 쇼윈도는 고객들이 가장 좋은 조건하에서 판매 상품을 볼 수 있게 해야 한다. 미국이나 유럽의 백화점이나 상점의 쇼윈도에는 사람들이 많이 모인다. 왜일까? 볼거리가 있기 때문이다. 우선 재미가 있고 그 시기에 필요한 상품들이 거기에 있기 때문이다. 쇼윈도는 그 매장의 얼굴이며, 점포의 격을 표현한다. 즉, 쇼윈도를 보면 그 매장의 수준을 알 수가 있고 나아가 건물의 외부 환경을 결정하는 중요한 요소가 되기도 한다. 쇼윈도에 상품만이 중요한 것이 아니라 상품 이외의 볼거리를 제공하는 것은 매장이나 건물의 이미지 관리차원에서 중요하다. 그래서 쇼윈도를 그 나라 문화의 척도라고 하는 것이 바로 그런 맥락이다. 쇼윈도는 건축설계부터 건물이나 매장의 얼굴 역할을 하는 특별한 공간이라는 개념으로 계획하지 않으면 두고두고 낭비적인 요소를 감수해야 한다.

세계적으로 유명한 파리의 샹젤리제 거리, 일본의 와코백화점, 뉴욕의 맨해튼 5번가 등의 쇼윈도는 잘된 예로 들 수가 있으며, 이러한 윈도 환경은 디스플레이 작업을 건물의 물리적 환경에 제약을 받지 않고 편하게 작업할 수가 있다. 볼거리가 있는 쇼윈도는 삶에 지친 도시민들에게 활력소가 되며 건물의 이미지도 향상시킬 것이다.

상업 건축물에서의 쇼윈도우는 작지만 매우 중요한 요소이며, 매장의 얼굴 역할을 한다. 더욱이 쇼윈도우는 매장의 이미지도 중요하지만 그 도시의 문화 수준을 가늠하는데 있어서도 중요하다.
〈사진. 좌〉는 파리 랑방 매장의 쇼윈도우이며,
〈사진. 우〉는 파리의 거리를 쇼윈도우에 연출한 갤러리 라파에트 백화점이다.

4) 조명경관

건축물의 외부 조명 문제는 단순히 조명 몇 개를 설치하는 차원이 아닌, 건축물과 도시환경의 총체적인 이미지를 반영하는 것이기도 하다. 도시에 살고 있는 시민들에게는 포근한 안식처의 느낌을 주며 그 도시를 방문하는 방문객에게는 평생 잊을 수 없는 추억을 선사할 수 있는 것이 건축물의 외부 조명이다.

건축가에게 조명은 그들의 건축물을 표현하는 매우 중요한 매체이다. 형태와 기능적인 요소가 충족된 건축물의 설계에 있어서 조명의 역할은 그 건축물의 예술적 가치를 더해 줌으로써 완성도를 높여준다. 건축물이 설계될 때 뛰어난 건축물과 일반적인 건축물과의 차이는 빛의 적용이 얼마나 잘 고려되었느냐가 중요하다. 이는 그만큼 조명이 건축물의 내·외부 형태와 크기, 그리고 사용된 소재와 디테일에 영향을 미치고, 낮에는 주광에 의해, 어둠이 드리워진 밤에는 조명에 의해 그 형상이 우리에게 보이기 때문이다. 조명은 건축물의 다양한 구조적 변화를 요구하기도 하지만, 구조 그 자체가 다양하고 특별한 빛의 효과를 만들어내기도 한다. 이는 빛이 단순히 건축물을 형성하는 여러 요소들 중의 하나라기 보다는 건축물의 형태와 의도를 잘 반영해 주는 중요한 요소이기 때문이다.

19세기 후반에 이르러서 도시를 대상으로 하는 전기조명이 보급되고 생활 인프라로 자리 잡게 되었으며, 조명은 도시 생활 문화의 또 다른 모습들과 도시의 새로운 밤풍경들을 만들어내게 되었다. 다시 말해, 인공조명 기술은 도시의 시간과 공간의 개념을 확대시켰다고 할 수 있다. 20세기가 시작되던 1900년, 파리 만국박람회를 계기로 에디슨의 백열전구로 상징화된 '전기의 세기(the electric age)'가 시작되었다. 여기서 조명은 20세기의 가장 주목받는 테크놀로지인 전기의 즉물적 상징으로 자리하였으며, 성장과 발전의 이미지로 표현되었다.

스위치 하나로 대량의 빛을 만들어 내는 '빛의 산업화'라는 기술적 진보를 이루어내게 되었고, 조명으로 상징화된 전기도시(electro-polis), 전기건물(electro architecture)의 출현은 인류의 번영을 약속하는 유토피아적 환상을 대변하는 것으로 받아들여졌다. 이후 다양한 종류의 램프, 조명기구, 조명기법 등이 개발되어 빛의 예술가들에게 표현의 자유를 높여주었으며, 빛의 디자인에 대해 전문적인 컨설팅을 해주는 조명 디자이너들이 나타나게 되었다.

최초의 조명 디자이너들은 뉴욕의 무대미술가, 특히 무대조명 전문가들이었으며, 미국의 근대적인 건축가 등과 함께 작업함으로 인해 새로운 장르를 개척해 나

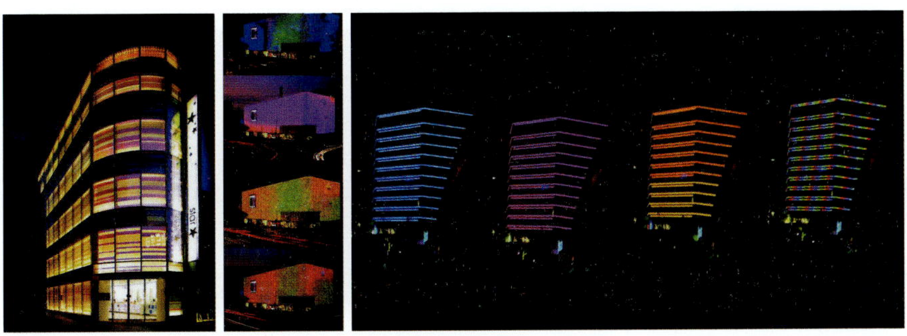

조명은 건축물을 표현하는 중요한 매체이면서 건축물의 예술적 가치와 완성도를 높여주는 역할을 한다. 따라서 건축의 조명은 도시의 생활문화와 야간 경관을 새롭게 만들어내고 있으며, 건축물 스스로의 아이덴티티를 가질 수도 있다.
〈사진. 좌〉는 서울의 아모레스타의 외부 전경으로 보는 시각의 변화에 따라 외부 조명 색이 바뀐다.
〈사진. 중〉은 시간이 지남에 따라 외부 조명이 바뀌는 서울의 갤러리아 백화점이며,
〈사진. 우〉는 시간이 지남에 따라 외부 조명이 바뀌는 홍콩의 한 건물이다.

갔다. 인공조명 기술의 영향 때문에 과거의 공간디자인과는 전혀 다른 새로운 패러다임들이 속속 등장하였고, 이는 즉각적으로 새로운 생활양식을 유통시켰다.

2004년 9월 서울의 갤러리아 백화점이 리모델링하여 오픈하였다. 유엔 스튜디오(UN Studio)에 의해 디자인된 외관은 5,000여 개의 유리 디스크에 LED조명이 설치되어 밤이면 현란할 정도의 다양한 움직임으로 시민들의 시선을 사로잡고 있다. 디지털 조명 기술을 통해 다양한 영상과 문자, 이미지들을 투사해 내며 지역의 랜드마크는 물론 세계적인 주목을 받으며 서울의 명물로 떠올랐다. 도시환경에 대한 조명의 역할은 아주 중요하다. 도시의 경관조명은 야간의 도시를 빛으로 장식하고 미화해서 아름답게 하며 시민 통행의 안전과 도시의 치안을 향상시켜 도시의 품위를 높여 줌으로써 도시문화의 척도가 되고 있다.

근래 경제성장을 이루고 있는 각국에서는 점차 도시 경관의 중요성에 대한 인식이 확산되고 있는 추세이며, 특히 도시 활동 시간이 야간으로까지 연장되면서 인간의 활동이 주간에서 야간으로 이어져 도시 공간에서도 24시간 주야 도시화 현상이 나타나 아름다움과 쾌적성이 요구되고 있는 것이다. 따라서 도시 경관을 지탱하는 요소의 하나로 조명이 차지하는 역할이 매우 중요하다. 이미 도시의 경관 조명은 도시 경관의 일부가 되어 야간에는 도시 경관의 연출 효과를 나타내고 있다.

도시의 야경 연출은 단지 조명을 늘림으로써 밝게 하는 것뿐만 아니라, 과잉 조

현대 도시의 야간 경관은 도시 문화의 기준이 되는 중요한 요소이며, 특히 글로벌 시대의 야간 경관은 관광 마케팅과도 연관성이 많다고 할 수 있다. 그러나 도시의 야간 경관 계획은 단순히 조명만 늘린다고 되는 것이 아니라 지역적 특성과 건물이나 랜드마크가 될 만한 요소들이나 가로, 하천 등을 계획적이고 체계적으로 연출해야 한다. 〈사진. 좌〉는 부산 광안대교의 야경으로 광안리의 지역적 특성을 살린 조명 계획을 보여주고 있고, 〈사진. 중〉은 현대 도시로 대표되는 뉴욕시의 야경이다. 〈사진. 우〉는 도시 조명을 처음 시작하고 발전시킨 파리의 야경이다.

명을 제거하거나 억제하는 것도 중요하다. 이렇게 함으로써 필요한 조명의 효과를 증대시키면서 야간의 도시 경관에 활력을 불어 넣을 수도 있다. 또 에너지 절약운동이나 자연환경에 끼치는 영향에 대한 배려를 하면서 좋은 야간 경관을 연출하는 이중 효과를 거둘 수도 있다. 이러한 관점에서 빛과 그림자의 하모니를 목표로 한 도시 전체의 야간 경관 계획을 책정하는 일은 그 의의가 대단히 크다고 할 수 있겠다.

현대 도시의 경관은 다양한 경관 요소에 의하여 구성되며, 경관 요소의 상호적 관계나 도시 전체 또는 지역 전체의 경관의 맥락이 중요하기 때문에 전체를 계획적으로 포착하는 관점이 반드시 필요하다. 야간 경관에 있어서도 다양한 조명이 중요한 경관 요소가 되며, 이러한 것들의 집합체로서의 야간 경관의 향상을 꾀하기 위해서는 조명 상황을 전체적으로 파악하고, 다시 계획적으로 정비와 규제를 유도를 하는 것이 필요하다.

예를 들면, 조명 방법이 그 장소에 알맞은 것인가 아닌가의 여부는 주위의 상황에 따라 여러 가지 평가가 있을 것이며, 어떤 장소에 적합한 것이 되게 하기 위해서는 주위의 상황을 고려하여 조화를 이루도록 해야 한다. 여기서 여러 가지 조명의 상호관계나 지역 전체의 야간 경관이나 조명의 상황을 파악하고, 이를 염두에 두면서 조명을 바람직한 형태로 유도함으로써 야간 경관을 연출하는 조명 계획이 필요하게 된다.

즉, 도시 경관이라는 관점에서 현대의 '빛'을 이해하고, 그 결과로서 그들 '빛'이 가져다주는 다양한 인상, 영향 등을 정리하여 효과적으로 구성함으로써 지향해야 할 야간 경관을 '빛'에 의하여 실현해 나가는 것이다. 또, 조명을 실시하는 전체에 대하여 지역 전체의 관점에서 본 야간 경관・조명 정비의 목표나 이상적인 형태를 명시함으로써 양호한 야간 경관의 조성을 실현해 나가게 된다.

조명을 야간 경관에 맞는 것으로 만들기 위해서는 각 주체의 이해와 합의가 필요하며, 현황의 파악이나 목표, 지향해야 할 형태 설정 등의 계획을 세우는 과정 그 자체가 개개에 대한 이해를 더욱 높여주고 의식의 고양을 촉진시켜 주게 되며, 그 합의를 형성하는 장으로써 유효하게 기능하는 것임을 알 수 있다.

도시의 경쟁력은 인간의 삶의 질이 중요한 요소로 등장하면서 지정학적 위치 못지 않게 도시환경의 쾌적함이 중요한 전제 조건으로 등장하게 되었다. 도시의 경쟁력의 척도는 실제 사람이 생활하고 있는 도시가 얼마만큼 살기 편안한 요소를 갖추었느냐, 즉 도시의 쾌적함(amenity), 안정성, 공해의 적음, 친근감, 도시 경관의 아름다움 등이 포함될 수 있을 것이다. 이렇게 도시의 경관적 요소가 도시 경쟁력의 중요한 요소로 등장함에 따라 도시마다 자신이 가지고 있는 자연환경이나 역사적인 유산들을 활용하여 도시의 미관에 열을 올리고 있다. 아름다운 도시의 야경 연출은 이러한 도시 경쟁력에 중요한 요소가 되고 있다.

조명계획이 잘 되어 있는 도시들은 한결같이 특성있는 자연환경과 인공환경을 잘 보여주고 있다. 따라서 인간이 쾌적하고 아름다움을 느낄 수 있는 도시공간의 조명계획은 전체적인 도시 경관도 중요하지만, 도시를 구성하고 있는 요소들의 계획도 중요하다.
〈사진. 좌〉는 일본에서 도시 야경이 잘 되어 있다고 평가받고 있는 요코하마항의 야경이다.
〈사진. 중〉은 라스베가스의 야경이고,
〈사진. 우〉는 체코 프라하의 대표적 상징인 프라하성의 조명 연출이다.

5) 사인디자인

산업사회에서 지식, 정보사회로 변화함에 따라 우리의 의식주 생활에 있어서 물질적 풍요로움은 물적 충족 차원을 넘어서 질적 차원으로 소비자의 선택이 중요해지고, 선택은 개개인의 취향과 선호에 의해 이루어진다. 그러므로 휴머니즘과 문화적 차원이 중요한 관점이 되고 있다.

도시 미관은 건축물의 조화와 배치, 그리고 조경도 중요하지만 도시를 덮고 있는 사인들이 단적으로 도시의 얼굴을 형성해준다. 우리가 뉴욕의 맨해튼 거리의 관광객이라면 번화한 거리 중앙에 서서 무엇을 보게 될까? 그것은 현란한 네온이 건물을 뒤덮은 사인의 물결을 맨해튼의 관광 포인트로 받아들이게 될 것이다. 도시 미관 측면에서 사인은 도시의 개성과 고유한 문화를 형성하는 디자인으로 바라보고 해석해야 하나, 동시에 사인은 기업이나 매장의 홍보기능을 지닌 적극적 광고도구로 직접적으로 비즈니스의 성패에 영향을 미치는 힘을 지닌다고 볼 수 있다.

건축물의 상점을 이용할 때 가장 먼저 보게 되는 것 중 하나가 바로 사인일 것이다. 사인은 점포의 얼굴이라고 할 수 있을 만큼 고객들에게 첫 인상을 심어주는 중요한 요소다. 특히 상업 건축물들의 쇼핑몰과 수많은 상점들은 서로 경쟁에서 우위를 점하고 고객을 한 명이라도 더 끌어들이려고 다양한 마케팅 방법을 사용하는데, 그 방법 중에는 사인디자인 역시 큰 비중을 차지하게 된다.

사인이라고 하면 일반적으로 점포 입구 상단부에 상호를 새겨 넣는 정도로 생각하지만, 사인도 디자인이기 때문에 그 표현 방법은 매우 다양하다. 이것은 단순히 디자인적인 요소 외에도 다양한 소재 사용과 같이 여러 가지 요소를 감안해야 하며, 이들의 조합에 따라 다채로운 연출이 가능하다.

건축물의 사인은 '상쾌하고 눈에 띄는' 디자인이어야 한다. 사인디자인을 개발함에 있어서는 도시환경이나 건축 공간 속에 하나의 환경미를 창조한다고 하는 전제를 갖는 것이 중요하다. 사인의 기능과 종류에는 우선 기본적인 물적 기능으로서 표시, 안내, 주재 등의 기능을 들 수 있다. 실제로 사인디자인 시스템을 개발하는 경우에는 시스템으로서의 연관성을 갖게 하는 동시에 사인이 알기 쉽고 눈에 잘 띄게 하거나 가능한 한 도시건축공간의 개성을 표현하는 성질 등에 주의하지 않으면 안 된다. 따라서 건축물의 사인디자인의 개선 방향을 다음과 같이 제시하고자 한다. 건물의 파사드를 무시한 대형화보다는 건축적 구조나 주변과 조화를 이루는 크기로 디자인되어야 하고 단조로운 장방형 일변도에서 벗어나야 한다. 사인의 크기가 커야만 주목성이 높아지는 것이 아니므로 사인 거리와 각도 또는 필요로 하는 주목 효과를 감안하면 보다 개성적인 디자인의 가능성이 보이기 때문에 전달내용의 이미지에 부합되는 형태나 형식으로 다양화할 필요가 있다. 돌출 사인의 경우 비교적 형태를 자유스럽게 하기 쉬우므로 그래픽 심벌(graphic symbol)의 외형을 이용하거나 장식화 하는 변화를 주는 것이 바람직하다. 레이아

웃(layout)은 문자의 형, 길이, 매스에 따른 변화와 여백 기능을 충분히 살리는 것이 필요하다.

도시 거리의 매장, 상점, 은행, 레스토랑, 극장 등의 시설은 가치 있는 경제적 자원이다. 보행자들을 이끌어 경제활동을 영위케 하는 중요한 요소들이다. 그러나 쇼핑객들의 관심을 끌기 위해서는 물리적 소비 욕구만을 강요할 수 없다. 시각적인 효과를 노리는 것이 고무적인 방법이다. 상업적인 거리를 활기차게 하는데 있어 사인디자인은 중요한 역할을 한다. 사람들은 낡아서 보기 안 좋은 상점은 빨리 걸어 지나치는 경향이 있다는 연구 결과도 있다.

지역의 특성에 따라 권장되는 사항은 역사적으로 중요한 건물의 건축적인 특성의 강조를 포함하여, 보도에 시각적으로 개방된 상점의 정면을 개량하는 것, 현수막이나 배너(banner)를 이용하여 주목을 끄는 것, 인근 상점과 함께 주위 환경의 미적인 개선을 위해 지속적인 계획을 세우는 것 등을 포함한다.

결과적으로 빌딩의 라인을 따라 시각적으로 쾌감을 줄 수 있는 특별한 윈도우 쇼핑 영역을 만들 수 있다.

실용적이고 생산적인 행사들에 관한 규제, 문화적이고 오락적인 프로그램의 개발, 레스토랑이나 극장과 같은 저녁에 주로 이용되는 장소들로 주의를 끌게 하는 프로그램의 개발 등도 상업적인 거리의 활성화를 위한 노력이다. 상업적인 거리에

건물의 사인은 기능적으로 안내와 홍보의 역할을 하며, 미적으로 건물의 이미지를 상승시키는 역할을 한다. 특히 건축물의 공공공간인 입구나 로비부에 설치된 사인의 역할은 대단히 중요하다.
〈사진. 좌〉는 일본 동경의 록폰기 지역의 건축물 안내 사인이고,
〈사진. 중〉은 일본 건축물의 내부 방향지시 사인이며,
〈사진. 우〉는 홍콩 IMC센터 안내 사인이다.

활기를 불러일으키는 목표는 쇼핑객들로 하여금 평소의 쇼핑 시간에는 물론이거니와 그 후에도 다시 가고 싶은 마음이 들 수 있도록 편안한 환경을 제공하는 것이다. 그러나 더 중요한 것이 있다. 도시의 작은 미관에서부터 도시의 전체의 미관이 총체적으로 평가된다는 사실이다. 그것을 결정하는 것이 건물의 사인디자인이다.

도시환경의 목적은 인간이 인간답게 살 수 있는 환경의 창조에 있다. 도시환경 속에 시각적 구성 요소들이 통일되고 일정한 시각상의 질서를 갖는다는 것은 도시환경의 질서 향상을 의미한다. 도시환경에서의 사인은 단순한 시각적 기능뿐만 아니라 도시환경적인 차원에서 연구되고 체계화되어야 한다. 이와 같은 사인은 환경시설물로서 그 도시의 특성을 최대한 반영시키기 때문에 도시인에게 영향이 지대하며, 제반시설 및 환경의 휴먼 네트워크화를 위한 보다 쾌적한 계획이 이루어져야 한다.

사인디자인의 형태는 도시의 입지 조건, 역사적 유래 등과 같이 고유의 전통미를 발굴하여 현대적 감각과 지역의 특성에 적합한 디자인으로 개발되어야 하며, 또한 개성적인 전달 내용과 이미지에 부합되는 형태로 다양화해야 한다. 사인의 문자는 도시환경의 복잡성, 조명과 빛의 상태, 심리적 조건 등을 고려하여 효과적인 문자를 사용하도록 한다. 그리고 타 요소와 비슷하면 이미지 효과가 반감되기에 독창적인 사인이 될 수 없으므로 주의해야 한다.

6.

국내 · 외 개발 사례

6-1.

기업 주도의 가로환경 개선 사례

김 도 년
성균관대학교 건축학과 교수

도시설계가
시정개발연구원 도시설계센터장 역임
상암 DMC · DMS 도시설계 총괄계획가
명동·노유동 환경개선형 도시설계 총괄계획가
서울 도심재창조 계획 총괄계획가

기업 주도의 가로환경 개선 사례
- 좋은 도시디자인 : 장소 만들기와 지역경제 활성화의 연계 -

1) 서 론

가로환경 개선사업이란 품격 높은 도시 경관을 만들기 위해 지역주민과 행정, 전문가가 함께 기존 가로를 보다 문화적으로 경제적으로 풍요롭게 하는 사업이다. 궁극적으로 통합적인 디자인을 통해 품격 높은 도시환경을 구현하고 지역문화자원을 재창출함으로써 지역경제를 활성화하며, 사업 이후 관리에 주민이 참여하게 하여 지역공동체 문화를 창출하는 과정이다.

특히 지역 주민이 중심이 되어 환경개선 사업에 참여하고자 하는 노력은 사업의 파급 효과를 높이고 "자신의 환경은 자신이 가꾼다."라는 주인의식 속에서 지속 가능한 사후관리를 이룰 수 있다는 점에서 의의가 있다. 계획의 모델을 실현하기 위한 사업 전략 속에 주민의 참여와 지속적인 관심을 이끌어낼 수 있는 프로그램은 사업의 성과를 넘어 지역의 매력과 가치를 높이는데 기여할 수 있다.

우리나라에서도 도시 재생의 일환으로 지역의 대표적인 가로를 선정하여 통합적인 디자인 계획을 통해 지역경제 활성화와 새로운 도시문화 창출을 위한 목적으로 가로환경 개선사업이 진행되고 있다. 이러한 사업의 대부분은 해당 지자체가 중심이 되어 환경을 개선하고자 하는 주민의 의지가 높은 지역을 대상으로 실시되고 있으나, 장기적 차원에서의 정책 실현보다는 가시적인 성과를 내기 위한 사업으로 머물고 있어 주민들의 지속적인 참여 부족과 관심이 줄어들고 있다.

본 연구는 서울과 도쿄의 가로환경 개선사업을 대상으로 사업 수립과 관련한 내용을 조사한 후, 실제 사업이 실현된 결과를 분석하여, 우리나라에서의 한계점과 외국 사례를 통한 시사점을 도출함으로써 앞으로 서울시의 가로환경 개선사업의 정책 추진 방향을 설정하는 데 연구의 목적이 있다.

이를 위해 "서울시 종로 업그레이드 프로젝트", 그리고 종합적인 가로환경 개선

사업의 시작점인 "활기찬 노유거리 가꾸기 사업" 등 우리나라의 가로환경 개선사업과 일본의 "마루노우치 나카토오리 활기 축 만들기 사업"을 사례로 선정하여 비교 분석하였으며, 사업 내용을 도시환경 개선 차원, 지역경제 활성화 차원, 사후관리 주민참여 차원으로 구분하여 사업계획 내용과 그 실현 결과를 조사, 분석하였다.

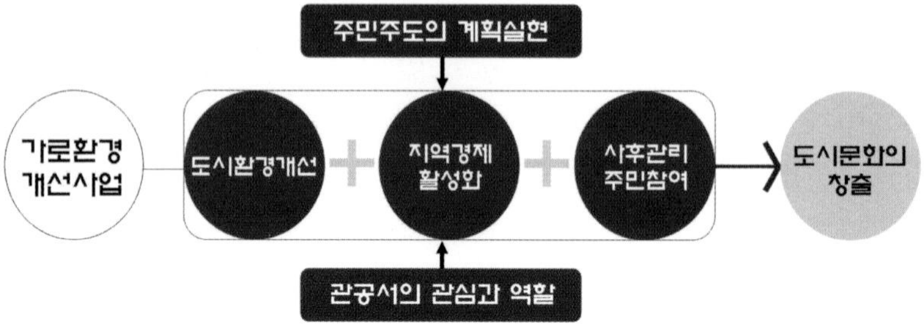

가로환경 개선사업의 개념

2) 사례별 사업개요

(1) 종로 업그레이드 프로젝트 사업

'종로 업그레이드 프로젝트'는 버스 중앙차선 도입에 따른 차선 축소 계획과 연계해서 서울의 대표적인 중심가로인 종로를 물리적인 환경 개선과 지역경제 활성화를 연계하고 청계천 복원사업과 더불어 도심 재생의 기폭제의 역할을 하기 위한 목적으로 사업계획이 수립되었다.

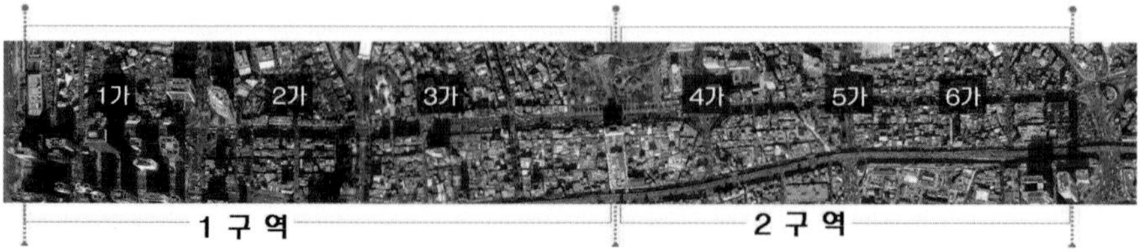

종로 업그레이드 프로젝트 사업 구간

사업 시기는 2004~2006년에 걸쳐 시행되었으며 사업 범위는 종로 1가부터 6가(총 2.8km)를 대상으로 공공과 민간의 협력적 방법으로 가로환경을 종합적으로 향상시키고자 한 사업이다.

(2) 활기찬 노유거리 가꾸기 사업

기존 시가지의 열악한 환경을 개선하고 상업가로의 자율적이고 지속적인 환경개선 잠재력을 높이기 위한 목적으로, 서울시가 시범적으로 '환경 개선형 도시설계 시범사업'으로 선정되어 주민과 행정이 함께 참여하여 도시환경개선과 지역경제 활성화를 연계한 가로환경 개선사업의 효시가 되었던 사업이다.

사업 시기는 2001~2003에 걸쳐 시행되었으며 사업범위는 광진구 노유동 건대입구역 남측 패션거리 폭 8m, 길이 800m을 대상으로 하였으며, 주기적인 상점개보수와 지역주민의 자율적인 관리협정을 통해 상점가 활성화와 지역 환경 개선을 위한 사업계획을 수립하였다.

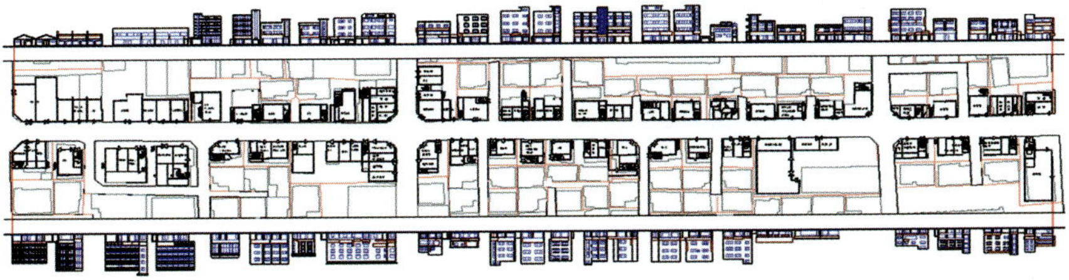

활기찬 노유거리 가꾸기 사업구간

(3) 일본 도쿄 마루노우치 나카토오리 활기의 축 만들기 사업

도쿄 구도심에 입지한 마루노우치의 나카토오리는 최초의 업무지구로 개발되어 지난 100년간 일본 경제의 중추를 담당하는 상징적인 비즈니스 가로로서, 거품 경제기가 붕괴되기 전까지는 건물 1층부에 대기업 본사나 은행지점이 입지하여 3시 이후에는 유동인구가 거의 없는 삭막한 가로였다.

1990년대 말 거품 경제가 무너지면서 건물 공실률의 증가, 취업 인구의 감소, 투자 저하 등 여러 문제가 발생하여 지역의 재정비가 추진되었다. 이 지역의 토지의 많은 부분을 소유하고 있던 미츠비시 지소(주)가 주도가 되어 지구 개념과 미래상을 설정하고 새로운 지역의 브랜드 창출을 목적으로 나카토오리를 중심으로 한 활성화 전략을 수립하였고, 그 일환으로 가로환경에 대한 개선사업이 추진되었다.

사업 시기는 지구 전체의 재정비 사업과 병행하여 1998년부터 3차에 걸쳐 단계적인 정비를 실시하고 있으며, 현재 2차 사업이 진행되고 있다. 사업의 범위는 폭 21m(보도 9m, 차도 6m), 길이 1,100m의 나카토오리 가로 공간과 나카토오리에 면한 26개의 건물(재개발 건물 8개 포함)이 대상이며, 사업 목표는, ⓐ 110년 역사를 계승하고 현대에 어울리는 활력 넘치는 거리로 재생, ⓑ 세계에서 가장 인터랙션(Interaction)이 활발한 거리를 실현, ⓒ 많은 사람에게 사랑 받는 거리 조성, ⓓ 지속적으로 성장 가능한 커뮤니티 실현에 두고 사업을 계획하였다.

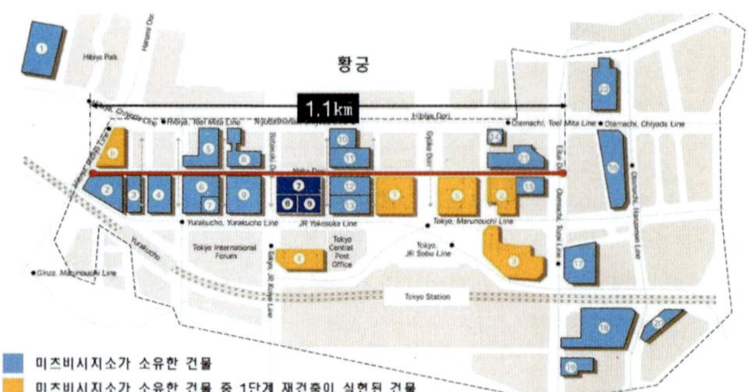

마루노우치 나카토오리 사업구간

31m의 표정선(처마선)을 유지한 채 재건축한 모습

3) 사례별 계획 내용 및 참여 주체

(1) 종로 업그레이드 프로젝트

① 계획 내용

▸ 거리의 통합 디자인(Total Design) 원칙 및 지침(Design Guideline) 수립

· 기존 '종로 이미지 강화, 새로운 이미지 창출'의 지역 비전 설정, 가로 이미지 정립

· 민간과 공공 부문의 통합적인 디자인을 위한 디자인 가이드라인 수립

▸ 특화된 용도의 집적을 통한 가로 활성화

· 보행 공간의 질 향상과 종로의 성격을 활성화시킬 수 있는 특화된 용도의 활성화

· 가로 친화적 상업 용도 유도 및 특화된 집적 용도 도입 : 주단, 귀금속, 약국, 떡집 등

· 투과성이 높고 활력 있는 건물 전면 공간 만들기

▸ 주민 감리제도의 도입, 자발적 주민 관리 유도

· 주민 감리제도를 통해 개별 상가 전면 공간이나 건물 주변의 공사 상태를 감독하도록 함

· 주민 스스로가 가로와 건물 전면 공간을 자발적으로 관리할 수 있도록 참여 유도

② 참여 주체 및 조직

▸ 참여 주체 간의 상호협력과 합리적인 의사결정을 위한 '기획위원회'의 설립

· 주민대표 : 기존 상가협의체인 상가번영회 및 건축주 대표로 새롭게 구성된 "종로거리 가꾸기 추진위원회"

· 전문가 그룹 : 서울시정개발연구원 도시설계팀, 시민단체(도시연대), 건축 · 조경 · 가로시설물 및 간판 디자인, 마케팅 분야 등 사업의 공공성과 실현성

을 높이기 위한 각 분야의 전문가 참여

· 행정 : 서울시, 종로구, 동사무소 등으로 구성된 전문적인 행정지원 조직

(2) 활기찬 노유거리 가꾸기 사업

① 계획 내용

▶ 거리의 통합 디자인 및 지침 수립

· '패션 상가와 일반 상가가 어우러진 활기찬 노유거리 만들기'의 지역 비전 설정, 가로 이미지 정립

· 민간과 공공 부문의 통합적인 디자인을 위한 디자인 가이드라인 수립

▶ 패션 용도를 주 기능으로 설정, 상점 개보수와의 연계

· 패션 관련 용도의 집적을 통한 지역 경제 활성화 유도

· 상점 개보수와 연계하여 가로에 면한 건물 전면 공간의 질적 향상을 통한 거리 활력 만들기

▶ 주민과의 사전 협의와 주민 협정을 체결

· 주민 협정으로 행정의 규제적 지침으로는 제어할 수 없는 사항에 대한 실현 담보

· 사업 이후 주민이 자율적으로 가로 환경을 유지·관리할 수 있는 기반을 마련

② 참여 주체

▶ 참여 주체 간의 상호협력과 합리적인 의사결정을 위한 기존 주민협의체를 통합 발전시켜 '기획위원회'의 설립

· 주민협의체 : 노유1동 상가번영회, 건대패션상설협의회, 건축주 대표

· 전문가 그룹 : 대학 도시설계연구소(성균관대학교), 시민단체(도시연대), 건축·조경·가로시설물 및 간판 디자인, 마케팅 분야 등 사업의 공공성과 실현성을 높이기 위한 각 분야의 전문가 참여

· 행 정 : 서울시, 광진구, 노유동 등으로 구성된 전문적인 행정지원 조직

(3) 일본 도쿄 마루노우치 나카토오리 활기의 축 만들기 사업

① 계획 내용

▶ 거리의 통합 디자인 원칙 및 지침 수립 (이후, 지구계획으로 도시계획 결정)

· 'ABLE(Amenity Business Life Environment) CITY'라는 지역 비전과 미래상 정립

· 관민 파트너십을 통해 지구 전체에 대한 디자인 가이드라인을 작성, 이후 정비기법과 제도를 매뉴얼화, 민간이 개별 건축물의 재건축 시 건물과 맞닿은 공공기반시설의 정비까지 함께 유도

▶ 테넌트 심사 및 다양한 비물리적 사업의 실시

· 거리의 브랜드 가치를 살림으로써 부동산 가치 상승 등 부가가치 창출

· 테넌트 심사를 통해 건물 1층부 용도를 고급화, 특성화 등 지역 브랜드 가치 창출에 적합한 시설을 입지하도록 유도

· 투과성이 높고 개방적인 건물 전면 공간 만들기

▶ 별도의 관리 주체를 통한 지속적인 유지관리

· 가로의 유지관리와 이벤트 개최, 문화활동 유치 등 지역 활성화를 도모하기 위한 지역 관리 조직의 발족

· 지역관리 조직에 토지 소유자뿐 아니라 취업자, 전문가, 방문객, 일반시민 등의 참여를 유도

② 참여 주체

▶ 민간기업 중심으로 의견 수렴을 위해 설립된 협의체

· 재개발계획추진협의회 : 지구 내 민간기업이 설립한 협의 조직, 90여 개의 기업 및 단체 참여

▶ 공공–민간 간의 협력적 도시정비를 위한 관민협력조직 설립

· 마치즈쿠리 간담회 : 도쿄도, 치요다구, JR히가시니혼(주), 재개발 추진 협의회가 참여한 관민협력조직

▶ 지역의 지속적인 유지관리 활동을 실시하기 위한 지역관리 조직 설립

· NPO법인 지역 매니지먼트 협회 : 현재 110명의 개인과 60개의 법인이 회원으로 활동, 지역에 대한 유지 관리뿐 아니라, 여러 계층의 사람들이 다양한 지역 행사 및 활동에 참여할 수 있어 지역 교류의 장과 계기가 되고 있음

(4) 사업별 계획 내용 및 참여 주체에 대한 분석

① 사례별 계획 내용 비교분석

계획 내용을 구분함에 있어 약간의 차이는 있으나, 통합적인 디자인을 통한 품격높은 가로 환경을 구축하고, 특화된 용도와 기능, 비물리적 사업 등 지역 문화자원을 재창출하여 지역 경제를 활성화하고, 주민 참여를 유도하여 지속 가능한 유지관리를 이끌어내고 있는 점은 공통되게 나타나고 있다.

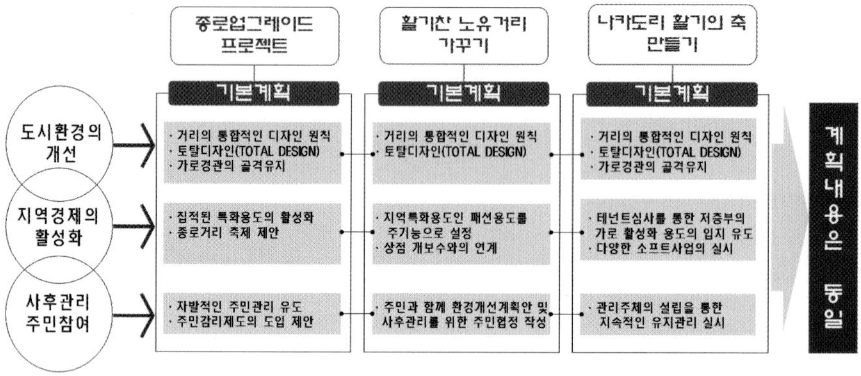

각 사업별 계획 내용의 비교

② 사례별 참여 주체 비교분석

대상 사례 모두에서 행정 전문가인 공공과 지역주민이 협력하는 형태로 사업을 추진하고 있으나, 사업을 주도적으로 추진하는 주체에 대해서는 차이가 나타나고 있다. 우리나라의 가로환경 개선사업 사례에서는 행정이 주도하여 계획을 수립한 후, 지역주민의 참여를 유도하여 사업을 추진하고 이후 자체적 관리를 맡기는 형

태로 나타나고 있다. 이에 비해 일본의 사례에서는 민간기업(지역주민)이 사업에 대한 방향과 필요성을 요청하고 이를 공공이 수용하여 공동으로 계획 수립-사업추진을 하면서 다양한 계층의 참여와 공공지원을 통해 지역의 유지관리 활동을 추진하고 있다는 점이 큰 차이점이다.

<table>
<tr><th>구 분</th><th>조 직 도</th></tr>
<tr><td>종로업그레이드 프로젝트
·
활기찬 노유거리 가꾸기
참여주체의 조직</td><td>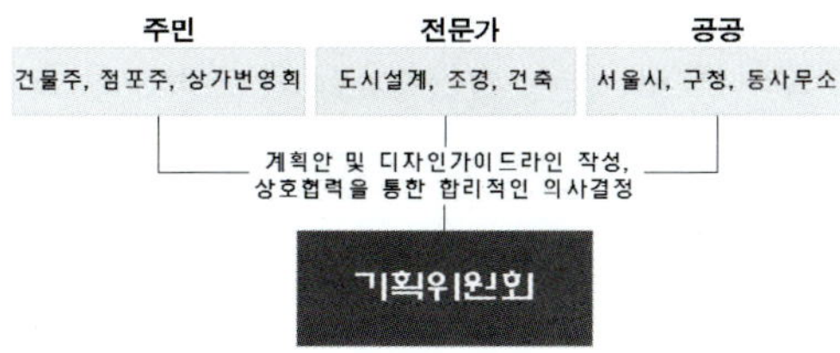

· 행정이 주도하에 지역주민의 참여 유도
· 기획위원회란 단일 조직하에 가로환경개선사업 추진</td></tr>
<tr><td>일본 마루노우치
나카토오리
활기의 축 만들기
참여주체의 조직</td><td>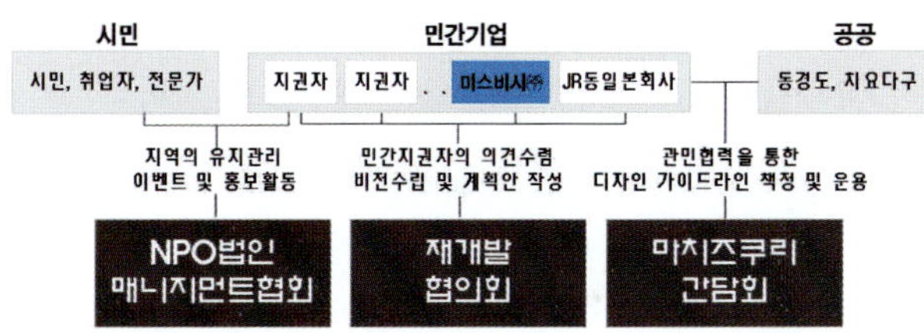

· 민간기업의 주도하에 행정의 참여가 이루어짐
· 다양한 주체를 조직화 하여 상호협력을 통한 가로환경개선사업을 추진</td></tr>
</table>

4) 사례별 실현 내용

(1) 각 사례별 실현된 결과

① 종로 업그레이드 프로젝트

ⓐ 통합적인 가로환경개선이 공공계획과 정책의 변화로 실현되지 못함

▶ 버스중앙차선제 폐지로 인해 공공 부문의 보도 확장 계획이 실현 불가

· 공공 부문의 추가적인 계획 없이 민간 부문의 시범사업 실행

▶ 간판 시범사업의 성공 이후 간판 개선만을 위한 공공사업 위주로 전환

· 우선적으로 10개 건물을 대상으로 건축물 외관 및 간판을 개선하여 모범적 선도 사례로 활용

· 그러나 이후 지역주민의 자발적인 참여가 이루어지지 못해서 선도사업의 파급 효과가 미진

ⓑ 관 주도의 단순 간판 개선사업으로 변화함으로 인해 당초 계획 의도와는 다르게 민간 부문에서의 자발적인 참여가 이루어지지 못한 문제

▶ 보조금 지급을 통한 관주도의 획일적인 간판사업 실행

· 시범사업의 성공 이후 서울시는 지난 2003년부터 3년간 247억 원을 들여 서울 종로 1가에서 6가까지 5.8km에 이르는 가로환경 개선사업을 실시

· 가로환경의 통합적인 디자인을 통한 업그레이드가 아닌 대부분 민간 건축물의 불량 옥외광고물의 개선사업 위주로 실시됨, 이는 단기적 큰 파급효과를 이끌어내기 위한 단순 사업으로 전락

옥외광고물 개선 위주로 실시된 종로 업그레이드 프로젝트

ⓒ 지역주민의 약속 불이행, 지속적인 사후관리의 부재

▶ 차별화되지 못하고 획일적인 간판사업으로 인해 지역주민 불만족과 약속불이행

· 대기업이나 일부 상인들은 과태료를 내면서까지 디자인 가이드라인의 지침 내용을 어기고 있음

· 옥외광고물 개선 시 점포당 보조금을 2~3백만 원씩 지원하였으나 지원 설치된 광고물에 추가하여 현수막 등 불법 광고물로 다시 설치하게 되면

서 예산이 중복 낭비됨

▸ 공공의 일괄사업 시행에 따른 주민 참여의 필요성과 역할이 미흡

· 주민협의체의 기능과 역할이 미흡

· 실효성도 없고 유명무실해진 주민감리제도

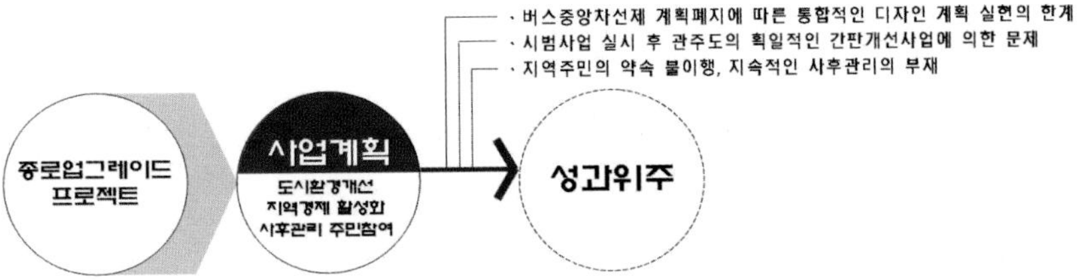

종로 업그레이드 프로젝트의 사업추진 과정

② **활기찬 노유거리 가꾸기**

ⓐ **지역주민과 행정의 상호협력을 통한 통합적인 가로환경 개선사업 실행**

▸ 합리적 조정자 역할로서 행정의 참여

· 해당 구청에서는 지역주민과의 협의의 장을 마련하여 TF Team을 구성하여 동장(洞長)과 함께 적극적으로 건축주를 설득시키고 지속적인 노력과 지원을 해 나감

· 선진 사례를 소개하여 계몽하고, 선행된 상점주를 통한 선전으로 설득해 감

▸ 공공 부문과 민간 부문의 통합적인 가로환경 개선

· 공공 부문은 시에서 개선 방안을 마련하고 시비를 지원하여 전선 지중화와 도로포장 개선

· 민간 부문에서는 자발적인 건물 개보수와 옥외광고물의 교체 등 통합적인 환경개선

ⓑ **자발적 민간 프로그램으로 전환 유도, 지역경제 활성화를 이끌어낼 수 있는 전략을 실행**

▸ 상점 개보수를 통한 건물 외관의 정비, 패션 용도로의 전환을 통한 가로 활성화에 기여

· 신축보다는 개보수를 통한 상가 연속성을 유지 · 강화, 패션 용도로의 전환을 통한 특화거리 조성

· 유명 고급 브랜드의 패션 상가들이 입점, 거리의 브랜드 가치가 높아지는 효과를 가져 옴

▶ 건물주와의 임대료 협의를 실시하여 임대인의 경제적 부담을 저하

· 사업 기획 초기부터 건물주와 상인 간의 대화를 통해 임대료 협의를 실시해 사업 후에도 임대료 상승폭이 크지 않아 상인의 영업 환경 유지에 큰 도움이 되었음

시행 전

시행 후

활기찬 노유거리 가꾸기 사업 전후 사진 비교

ⓒ 사후관리 단계에서 주민에 의한 지속적인 유지관리가 이루어지지 못한 한계

▶ 사업 이후 공공의 지속적인 추진과 지원 한계

· 공공의 역할이 중요함에도 불구하고 새로운 사업으로 공공 역량이 집중되어 지속적인 지원이 이루어지지 못함과 동시에 주요 담당자가 교체됨으로써 일관성 있는 사업 추진에 한계가 나타남

· 사업 추진에 중요한 역할을 하였던 담당자의 교체(순환보직을 이유로)로 일관성 있고 지속적인 사업 추진에 한계와 제도의 미비

▶ 주변 지역의 상권개발로 인한 가로의 활력 감소

· 대규모 상권인 스타시티의 개발로 영업 여건 변화에 따른 가로의 활력 감소

· 매출 감소로 인한 지속적인 사후관리에 따른 비용 부담의 증폭

▶ 주민 협정을 효과적으로 집행하는데 한계

· 주민 협정은 사업 실현을 위한 수단으로서는 의미가 있었으나 사업 이후 지속적인 관리운영을 담보하는 효과로는 미비한 문제점이 나타남

활기찬 노유거리 가꾸기의 사업추진과정

③ 일본 도쿄 마루노우치 나카토오리 활성화 사업

ⓐ 지구 차원의 재정비 사업과 연계하여 통합적인 가로환경의 조성

▶ 장기적인 계획 속에서 단계적인 실현화 과정

· 장기적인 지구 재정비 사업과 연계하여 3차에 걸쳐 단계적인 가로환경 개선사업 시행

▶ 민간 건물의 재개발과 연계하여 공공 부문과 민간 부문의 통합적인 가로환경 구축

· 공공 부문에서는 차도와 보도의 포장개선, 보행등, 조경, 볼라드, 벤치, 안내판, 조형물 설치

· 민간 부문에서는 건물 외관 정비 및 대지안의 공지 개선

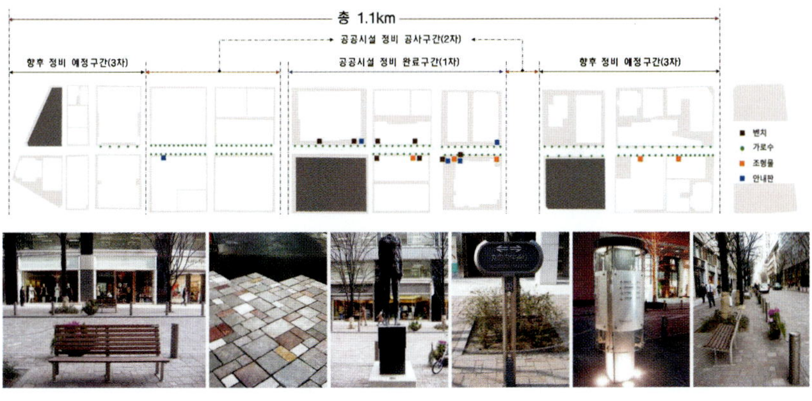

일관된 계획의 단계적 추진을 통해 통합적인 가로환경 구축

ⓑ 오피스 빌딩의 저층부 프로그램을 전환, 가로의 브랜드 가치를 높여 지역 경제 활성화를 유도

▶ 저층부를 통합적으로 개선, 주말에도 즐겨 찾을 수 있는 시민 친화형 용도로 전환

· 가로에 활력을 주는 패션 · 카페 · 레스토랑 등 시민 친화 용도로의 전환

· 개방성 높은 입면, 차별화된 옥외광고물과 디스플레이로 품격 높은 가로 풍경 연출

▶ 소프트웨어적인 프로그램과 서비스 제공을 통한 가로의 브랜드화

· 미츠비시 지소의 주도하에 마루노우치의 취업자 및 방문자들이 요구하는 기능 혹은 새로운 서비스를 비물리적 사업으로 기획하여 전략적으로 운용 (세미나 및 교육을 위한 컨퍼런스 센터의 개설, 지식 및 정보를 제공하는 교육기관의 유치)

· 나카토오리에서의 가로공간과 건물은 단지 시설만을 제공할 뿐 아니라 다양한 서비스나 기능을 제공 (초고속 · 대용량 통신에 대응 가능한 광케이블 통신 인프라의 정비)

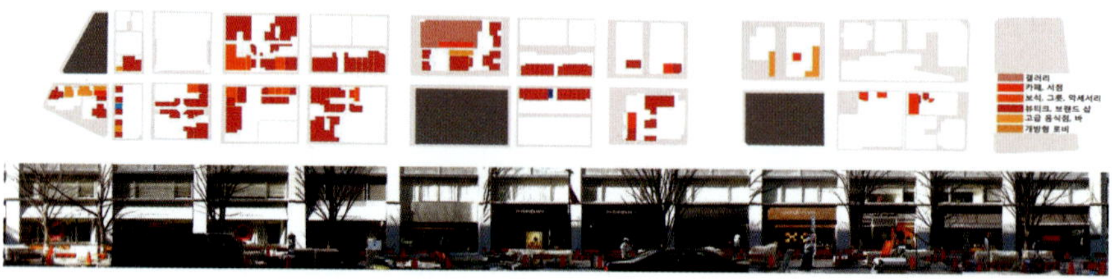

저층부의 프로그램의 전환을 통한 가로 활성화

ⓒ 기업과 시민, 공공이 함께 지구의 매력과 가치를 높이는 활동을 지속적으로 전개

▶ NPO법인 지역 매니지먼트 협회에 의한 지속적인 지역관리 및 교류 촉진 활동 전개

· 2002년 NPO법인 지역 매니지먼트 협회가 설립, 지역관리 조직에 시민계층의 참여와 협력이 이루어지면서 지역관리와 지역 활성화를 위한 다양

한 사업을 전개

· 기 확보된 공개 공지를 활용하여 다양한 문화 활동을 실시, 도시문화를 창출(도쿄 밀레나리오 이벤트, 1999년 190만 명이 방문, 2004년에는 285만 명이 방문)

▶ 기업과 공공에서의 활발한 지원에 의한 지역관리 조직의 안정된 수익구조 확보

· 도쿄도는 "도쿄도 세련된 가로경관 만들기" 조례[1])를 책정하여 지역관리 조직을 지원

· 기업은 각종 협찬금 및 이벤트 지원 활동을 통해 지역관리 조직을 지원

마루노우치 나카토오리 활기의 축 만들기의 사업추진 과정

(2) 우리의 한계점 및 시사점 제시

① 우리나라 가로환경 개선사업이 갖는 한계점

ⓐ 공공 주도의 성과위주 사업이 갖는 한계점

종로 업그레이드 프로젝트 사업에서와 같이 실현화 과정에서 공공 주도로 단기간에 획일적으로 집행되어 지속성을 갖지 못하고, 실행 주체 간 협력 미비, 예산의 중복 낭비, 아이디어의 제한 등으로 취지와 목적에 맞는 사업 실행을 이끌어내지 못한 한계점이 나타났다.

특히 공공 부문의 회계 시스템과 중앙정부의 보조금이 사업을 성급하게 추진하도록 부추기는 부작용이 나타나고 있다. 우리나라에서는 국고보조금을 받으면 그 해에 전액 집행하는 것을 원칙으로 하고 있기 때문에 계획의 실현

1) 공개 공지를 활용하여 이벤트 개최하거나 오픈카페로 이용할 경우 지역관리조직을 통해 등록하게 하여 수익사업을 도모하게 하는 제도

보다는 사업의 실현에 초점이 맞춰져 지속성을 갖지 못하는 한계로 작용하고 있다.

ⓑ **도시환경 개선이 지역경제의 활성화로 연계되지 못한 문제점**

도시의 활력은 가로에서 나타나며 거리를 구성하는 모든 요소가 어우러질 때 만들어진다. 특히 건물의 1층과 저층부 용도가 "가로 친화적 용도"로 구성될 때 영업활동 증진과 가로 활성화를 동시에 달성할 수 있다. 종로 업그레이드 프로젝트 사업의 경우와 같이 옥외광고물이나 외관 개선만으로는 지역경제 활성화를 이끌어내기에 한계가 있다.

ⓒ **주민들의 자발적인 참여를 이끌어줄 수 있는 프로그램의 부재**

주민들에게 지역에 대한 주인의식을 함양시켜줄 수 있는 지속적인 프로그램을 제공해주지 못한 문제점이다. 노유거리 사업에서 볼 수 있듯이 주민의 참여와 자발성을 이끌어내었다 할지라도 사후관리를 위한 프로그램이 마련되어 있지 않아서 주민들의 약속 이행과 지속적인 유지관리가 이루어지지 않는 한계가 나타나게 되었다. 최근 매출이 감소하는 현상에서 볼 수 있듯이 주민 스스로 사후관리 체계를 만들지 못하면 지역경제의 활성화도 지속될 수 없음을 보여주고 있다. 행정의 지속적인 지원이 이루어지지 못하는 것도 문제가 되지만 주민 스스로가 행정의 지원에 기대고 있는 점은 더 큰 한계점이라 할 수 있다.

② **마루노우치 사례에서의 시사점**

ⓐ **지역주민 스스로가 중심이 되어 계획에서, 사업추진에 있어 주도적인 역할을 수행**

일본의 사례에서는 계획에서 사업 추진, 이후의 관리 운영에 이르기까지의 지역주민의 자발적인 힘으로 체계적이고 지속적인 활동을 전개한 점에서 사업 성공의 원동력이 되었다. 특히 지역주민 스스로 설립한 협의체 조직은 지구의 비전과 계획안을 공유하고 개발에 관한 방향과 룰을 담보하여 계획한 내용을 사업으로 실현할 수 있었다.

ⓑ 지원자로서 공공의 역할 변화

관민 파트너십에 있어서도 공공이 계획에서 사업까지 주도적 입장을 취하기보다는 민간 주체가 스스로 도시환경을 개선할 수 있도록 주인의식을 부여해 주고 참여를 유도하거나 지원책을 마련하여 바람직한 방향으로 이끌어 가는 것이 중요하다고 볼 수 있다. 이러한 점은 공공이 민간의 계획을 존중하여 이를 협력적으로 조정할 수 있는 조직체계를 마련하고 신뢰를 쌓아갔으며, 유지관리에 있어서도 지속적인 지원과 조력이 있었기에 지역의 활성화로 발전할 수 있었다.

ⓒ 지역관리조직 설립을 통해 지속적인 사후관리 프로그램을 마련

마루노우치 사례는 사업 이후에도 별도의 지역관리조직을 설립하여 지역의 유지관리와 함께 지역의 가치와 매력을 창출할 수 있는 다양한 이벤트와 활동을 추진하였기에 성공할 수 있었다. 이는 조직 구성의 중요성을 엿볼 수 있으며, 또한 지역주민이 주인의식을 공유하고 있었다는 데 시사점이 있다. 즉, 자신들만을 위한 프로그램이 아니라 지역 전체가 공유할 수 있고 교류할 수 있는 활동을 통해 지역의 가치를 높이는 것이 궁극적으로 자신들에게 이익을 가져다 줄 수 있으며, 성숙된 시민의식의 향상으로 새로운 도시 문화를 만들어 갈 수 있다는 점이다.

• 민간부문 : 미츠비시㈜ 지소를 중심으로 협의체 구성
입지기업의 참여와 협력을 유도하기 위한 다양한 노력 실시

• 공공부문 : 민간부문과의 협력을 위한 간담회 설치
디자인 가이드라인을 통한 통합적인 디자인 계획 실현
공개공지 활성화를 위해 조례개정을 통한 제도적인 지원

• 시민부문 : 기업과 취업자, 전문가 지역주민이 함께 지구활성화를 위한 조직설립
설립된 지역 매니지먼트 협회는 지역의 유지관리와 지역활성화를 위한 다양한 활동 실시

Integrate Design | Interactive Program | Permeable Space | Sustainable Management

상호협력의 신뢰구축, 가로의 브랜드화, 지역경제의 활성화, 도시문화의 창출

참여 주체의 조직화를 통해 일체적 협력체계 구축한 마루노우치 사례

ⓓ 지속적인 유지관리를 위한 재원의 마련

다양한 이벤트와 유지관리에 소요되는 재원을 확보하기 위하여, 공공은 제도 개정으로 재정적 지원이 가능하도록 조치하고 있으며, 지역주민은 자발적으로 협찬금을 내고, 협의회에 참여하는 회원은 회비를 내고 있다. 이러한 여러 차원에서의 재원확보 구조는 물리적 환경의 단발적 개선에서 그치는 것이 아니라 지속적이며 참여 확대형의 지역 개선이 이루어질 수 있는 바탕이 된다고 할 수 있다.

4) 결 론

우리의 가로환경 개선사업은 공공사업의 이미지가 강하여, 사업적 완료와 성과가 중시되어 추진되어왔던 것이 사실이다. 일본의 사례는 주인의식을 가진 주민조직과 이들을 주인(client)과 파트너로 인정하고 협력, 지원한 공공에 의해 추진된 사업은 지역 환경의 질적 개선은 물론, 지역 전체의 활성화와 브랜드 가치의 향상으로 나타날 수 있으며, 이것이 다시 공익적 효과를 발휘할 수 있다는 가능성을 보여주고 있다.

"우리의 지역은 우리가 스스로 가꾼다."라는 말에서 볼 수 있듯이 주민이 지역의 주인의식을 가지고 적극적으로 조직화하거나 참여하는 것이 성공적 사업의 기본이 되기 때문에, 공공이 이 점을 계몽하고 함양할 수 있도록 이끌어주어야 하며, 주민을 파트너로서 받아들이고 협력해 가는 것이 중요하다.

공공은 이에 필요한 요구사항을 지원하는 역할을 담당해야 한다. 주민 스스로가 땀과 고민을 담아 만든 계획안이 공공의 지원정책을 통해 실현화될 수 있을 때 지역 주민의 참여 의지는 하나의 문화로 정착될 수 있다.

그동안의 가로환경을 비롯한 도시 및 가로환경의 정비는 공공의 규제 속에 의한 수동적 실현이었으며, 사업의 가시적 효과를 위해 단기간 성과 위주의 사업으로 그쳤으나, 주민의 참여를 독려하고 유도해 가는 주민 참여 방식도 차차 나타나고 있다.

앞으로의 공공환경 정비는 주민에서 시민으로 참여의 폭을 확대시켜 시민의식으로 성장시키고, 단계적이며 점진적으로 추진하여 공간을 하나의 장소로 전환시키고, 지속적인 유지관리와 지원을 통해 장소를 마케팅하여 지역의 가치로 승화시켜 나가야 할 것이다. 이러한 도시 공간을 만들어가는 노력이 하나의 도시 문화로서 이해되고 모두가 즐겨 찾는 좋은 장소로 발현될 수 있을 것이다.

6-2.

마쿠하리 신도심 주택지 경관계획 사례

이 정 형

중앙대학교 건축학과 교수

서울디자인위원회 심의위원

서울시 도시계획위원회, 재정비위원회 위원

동경대학 석사 및 박사(도시설계 전공)

서울시정개발연구원 도시설계실

양천구 신정뉴타운 · 관악구 신림뉴타운 총괄 MP

마쿠하리(張幕) 신도심 주택지 경관계획 사례

1) 배경

일본의 마쿠하리 신도심 주택단지는 우리나라 주거단지 계획에 많은 시사점을 주고 있다. 우선, 일본이 1990년대 들어 기존의 신도시 개발의 주택단지 건설에서 탈피해 새로운 형태의 도시 주택지 – 즉, 주거를 통해 도시를 계획 한다 – 건설에 착수한 주택 도시라는 점이다. 즉, 새로운 주거 유형인 블록형(중정형) 주거 블록을 도입하고 도시가로의 활성화를 위해 다양한 시도가 이루어지고 있다. 둘째는 도시주거지를 계획의 초기 단계부터 체계적인 경관계획 수립을 통해 양호한 주거 도시를 형성하고 있다는 것이다.

우리나라에서 2000년대 들어 저층고밀의 새로운 주택지 건설을 시도한 은평 뉴타운(예를 들면 다양한 주동형식의 도입, 중정형, 연도형 주동을 통한 가로 활성화 도모, 걷고 싶은 거리 조성 등)과 많은 공통점을 가진다. 은평 뉴타운 계획에 있어서 일본의 마쿠하리 주거단지가 하나의 모델이 된 것이 사실이다.

한편으로는 MA(혹은 MP)방식의 도입인데, 주거단지의 계획을 총괄하는 총괄계획가를 선정해 계획의 초기 단계부터 계획적으로 주거단지 계획을 진행해 온 점에서도 특징이다. 나아가 마쿠하리 신도시의 경우 미리 상세한 디자인 가이드라인을 작성해 두고 개별 건축가들이 가이드라인에 근거해 주거단지를 디자인해 갔으며, 은평 뉴타운의 경우 미리 현상설계를 통해 마스트플랜을 설정해 두고 주거블록(단지)별로 대안설계 형식으로 디자인을 진행해 갔지만, 명확한 마스터플랜을 전제로 주거단지를 만들어 갔다는 사실에서는 공통점이 있다고 할 수 있다.

아무튼, 일본의 새로운 주거도시 창출을 위한 경관계획의 시도를 '마쿠하리 신도시 주택지'를 대상으로 살펴보고, 우리나라 은평 뉴타운의 사례를 아울러 소개함으로서 주택지개발 프로젝트를 대상으로 주택지 경관 형성이라는 시점에 중점을 두면서 경관계획의 가능성을 살펴보고자 한다.

마쿠하리 신도심 주택 전경

은평 뉴타운 조감도

2) 일본 마쿠하리 주거단지

(1) 개요

마쿠하리 신도심은 도쿄에서 30km권에 위치하며 치바현(千葉縣)의 신산업 삼각지대의 일환으로 건설되는 신도심 지대이다. 도쿄 항만에 건설되고 있는 요코하마 MM21, 도쿄 임해 부도심과 더불어 대표적인 워터 프론트 재개발에 의한 도시정비사업 프로젝트의 하나이다. 이중, 베이 에리어(Bay Area)로 불리는 주택지는 면적 약 84ha로 계획 호 수 8,100호의 21세기의 도시에 어울리는 계획적인 양호한 주택

전체 배치도

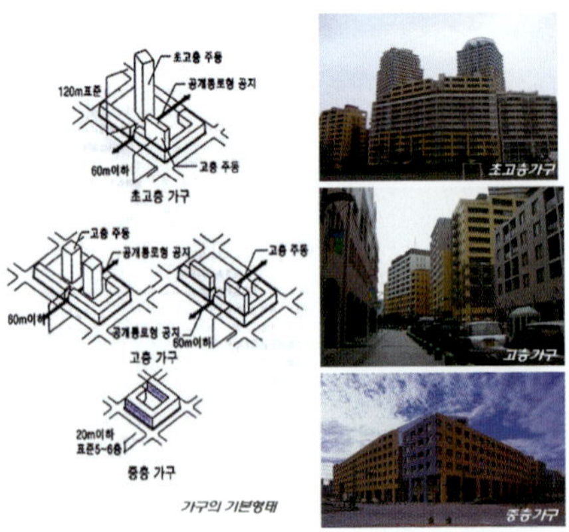

주동 디자인 계획

지이다. 마쿠하리 주택지 계획에서는 차세대의 도시주택의 스톡(stock) 및 도심주택지로서 요구되는 수준으로서 종래의 주호(住戶) 규모나 일조 등의 획일적인 계획 조건에서 탈피, 다양한 생활 요구에 대응할 수 있는 시설이나 공간의 확보, 풍요로운 도시 공간의 창출 등을 주요 과제로, 특히 종래의 단지형 주택지에서 도시형 주택지로서의 주거 공간 창출을 테마로 한 선구적 실험적인 사업으로 시작되었다.

(2) 주택지 경관 형성

마쿠하리 주택지 계획의 전체 사업계획은 ① 사업의 목표, ② 사업계획 마스터플랜, ③ 도시 디자인, ④ 토지 처분/주택 공급계획, ⑤ 상업, 업무시설 정비계획, ⑥ 주택지 관리 · 운영계획, ⑦ 기반시설 정비계획, ⑧ 공공시설 정비계획, ⑨ 사업추진방책 등으로 구성되는데, 주거단지의 경관형성계획과 관련된 계획 항목을 중심

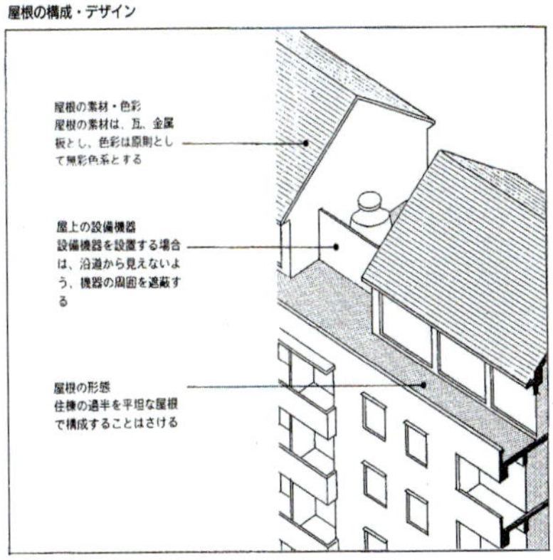

지붕 디자인 가이드라인

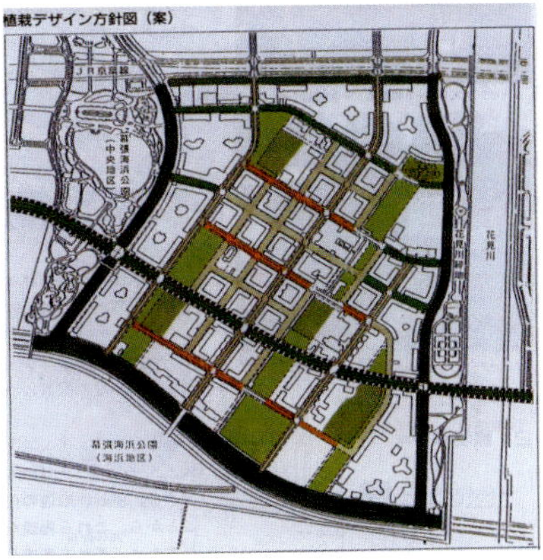

식재 디자인 가이드라인

지붕 디자인 모습

식재 디자인 모습

으로 간략하게 정리하면 〈표 1〉과 같다. 또한 이러한 계획 내용의 구체적인 가이드라인은 4권의 개별 가이드라인 책자에서 정리하고 있다.

〈표 1〉 마쿠하리 신도심 주택지 경관계획

사업계획항목		내용
도시경관 디자인	도시디자인의 기본적인 고려	주거 기능만을 만족하는 가로계획이 아니고, 도시경관 디자인에 배려 건축은 근본적으로 도로, 공원, 교량 등 가로계획 개개의 영역에 있어서는 통일적인 의도에 의해 계획, 디자인되어진 가로 전체상으로 개개의 시설디자인이 전개되어진 방법에, 계획적인 가로계획의 유도를 향한 매력적인 시가지의 형성을 의도하도록 한다.
	랜드스케이프 계획	1. 가로의 스카이라인 : 주택지의 거리는 주변이 높고 중심부에 다시 낮아지는 윤곽을 명확히 하고, 지반도 바다 쪽을 조금 낮게 억제한다. 2. 오픈스페이스 : 가로 골격의 하나로 폭 약 100m의 넓은 오픈스페이스를 배치하고, 그 안에는 공원, 녹지, 학교 부지를 집약적으로 벨트 위에 형성하도록 고려한다. 3. 건축물과 가로와의 관계 : 건축물과 가로와의 거리는 가로공간으로 하고, 공간 구축을 일체적으로 조화롭게 하고, 연도의 번화함을 유발시키는 의도의 효과로는 상업, 업무시설을 배치한다. 가로 특성에 의한 주택지 전체는 당연히 지구 특성을 존으로 하는 방침으로 한다. 4. 가로 공간의 형성 : 가로의 요소에 개성을 가진 공간 형성을 의도하기 위해, 도시경관 선도시설 계획에 의해 구체화한다.
	건축시설계획	1. 주택시설 : 주택시설배치, 주택의 기본적인 형식, 도시설계의 규칙, 그 밖의 형태 규칙(용적률, 높이, 벽면의 위치) 2. 공익시설 : 공익시설의 배치는 마스터플랜에 지시하고, 개개의 선축시설의 기본 방침에는, 공익시설 정비계획에 기초하여 진행한다.
	도시경관 선도시설계획	특히 인상이 강한 공간을 구성하는 요소를, 다음의 5가지의 분류로, 거리의 요소에 배치한다. 1. 거리의 입구, 거울(영역의식으로의 경관) 2. 지나가는 길(선적인 범위의 경관) 3. 길모퉁이(퍼포먼스로의 경관) 4. 대로를 내려다 봄(랜드마크적인 경관) 5. 어느 일곽(면적인 범위의 경관) 구체적인 배치계획에는 도시경관 선도시설 배치계획안으로 지시한다.
	도시디자인의 유도 방침	계획적인 도시디자인을 추진하기 위해서 조정을 가능하게 하고, 유연성이 필요하고, 다음과 같은 독자적인 컨트롤시스템을 실시하도록 한다. 1. 가로 전체상의 작성 2. 가이드라인의 설정 3. 계획, 디자인의 조정 시스템의 확립

단지 전체의 디자인을 조정하는 시스템으로는 디자인 가이드라인과 이를 운영하는 계획 디자인 회의로 구성되는데, 특히 디자인 회의는 기본계획의 단계에서부터 참여하여, 총괄계획가(설계가)가 마스터 아키텍트(MA)로서 디자인 조정회의를 주

도하고 있다. 이와 같이, 마쿠하리 신도심 주택지의 디자인 유도 시책으로서는 다음의 3가지 수법과 더불어 지구계획제도 등을 도입해 종합적인 컨트롤 시스템을 제안하고 있다.

① 도시의 마스터플랜

: 도시의 전체상을 명확히 하고, 각 지구의 방향성을 제시한다.

② 도시 디자인 가이드라인

: 주택 사업 및 공공사업을 행함에 있어 가로경관, 가구, 건축 등 각각의 레벨에서 준수해야 할 사항을 정리하고 있다.

③ 계획/디자인 조정 시스템

: 가이드라인의 운용과 계획/디자인 회의 등을 설치한다.

특히 마쿠하리의 디자인 조정 시스템의 특징은, ① 동일 가구(街區) 내에서도 다양한 표정을 창출해내기 위해 하나의 가구를 복수의 설계자가 담당하고 있다는 점, ② 가구에 따라 사업자가 다르고 또한 가구 내에서도 복수의 설계자가 있어 계획 조정 설계자가 이들의 디자인을 컨트롤하도록 되어 있다는 점 등을 들 수 있다. 즉, 마스터 아키텍트(MA)의 산하에는 7명의 계획 설계 조정자가 각 가구의 디자인을 컨트롤하게 된다. 각 블록(가구)별로는 3~4명의 건축가가 선정되었는데, 이 또한 하나의 블록을 한 사람의 건축가가 설계함으로써 생기는 디자인의 단조로움을 피하기 위해서이다. 따라서 디자인 조정의 측면에서 보면, 3~4명의 설계담당자로 구성된 하나의 블록을 계획설계 조정자가 컨트롤하며, 마스터 아키텍트(MA)가 가구별 계획설계조정자(Block Architect, BA)를 콘트롤하는 시스템으로 되어 있는 것이다.

계획설계조정자(BA)는 계획 디자인 회의에 참석하여, 각 가구별로 계획안을 검토하며 가이드라인에 근거해 각 가구 내의 조정을 행하는 역할을 한다. 가이드라인에 의해 디자인의 기본방침이 제시되고, 한편으로는 경관의 다양성과 조화를 추구 해가야 하는 어려움이 있다. 참가한 설계자에 따라 가이드라인의 해석도 각각이 다를 수 있다. 이러한 문제를 극복하고, 설계의 기본 단계에서부터 다양한 문제에 유연하게 대응하기 위해 계획 디자인 회의에서 철저히 심도 있게 논의해 나가는 방식을 취하고 있다.

결국 이러한 경관 형성 방식은 디자인 가이드라인만의 문서에 의한 디자인 컨트롤이 가지는 한계를 극복하고, 가이드라인에 근거해 건축의 구체적인 설계와 관련된 각종 도시(경관)디자인의 문제에 적극적으로 대처해 가는 방안으로서 유효하게 기능하고 있는 것이다.

경관선도시설 타운코어

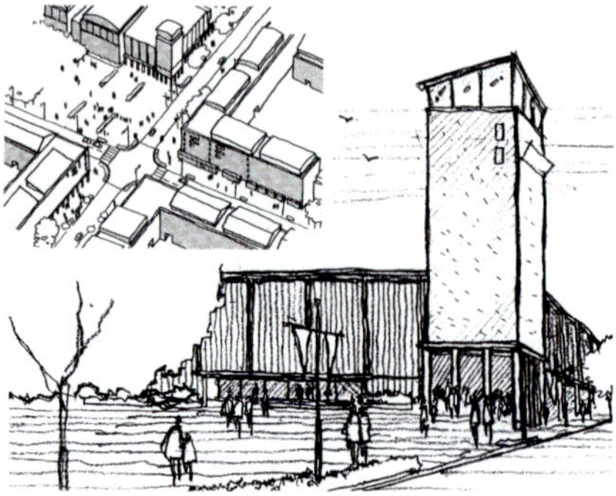

경관선도시설 계획

가로디자인

중정 랜드스케이프

(3) 사업의 추진 조직

새로운 시대의 모델 프로젝트로서 마쿠하리 도심 주택지는, 현(縣)이 장기적 주도적으로 주택지 경관을 형성해 가기 위해 외부 전문가를 포함해 사업추진 체제를 확립하고 있다.

우선 주택지사업을 종합적인 관점에서 어드바이스 하는 '사업계획조정위원회'가 있고, 디자인을 중심으로 사업자 간의 계획 조정과 유도를 행하는 '계획디자인 조정회의'를 설치하고 있다. 또한, 사업 추진상의 조정기관으로 '도시설계추진회의'를 두고 있다.

도시설계추진회의는 사업 전체의 추진과 단지의 운영 등의 조정/콘트롤을 행하기 위해, 縣(사업의 기본계획, 도시기반정비), 市(공공, 공익시설정비), 공익사업자(전기, 가스, 수도, 쓰레기처리, 지역난방, 정보통신 등) 및 주택사업자(주택 등 계획, 건설사업)의 대표로 조직되어, 주택지 설계의 종합적인 사업추진 방침을 협의하는 조직이다.

한편 사업계획조정위원회는 현(縣)이 주택사업의 종합적 주도적인 사업추진의 역할을 수행하기 위해 사업 실시 과정에 다양한 의사결정을 행하는데 있어, 학식경험자, 행정 관계자 등 폭넓은 분야에 걸쳐 전문적인 입장에서 사업의 종합적인 감수를 행하며 현(縣)에 조언/제언을 행한다. 특히 계획디자인 조정회의는 현(縣)이 책정한 주택지구 기본계획, 사업계획에 근거한 단지 기본 컨셉을 공공시설 정비사업, 공익시설 정비사업 및 주택시설 등 사업 실시 과정에 있어, 각 사업자에 전달하면서 주택 지구 전체에 관련된 계획, 설계, 공사, 감리, 운영 등에 각 관계사업자의 계획 조정, 유도를 행하는 역할을 한다.

(4) 주택지 사업관계협정(協定)

전술한 바와 같이 치바현 기업청은 공모에 의해 주택사업 예정자를 선정해, 사업 예정자에 대해 '마쿠하리 신도심 주택지 사업설명회'를 개최하고 설명회를 통해 '마쿠하리 신도심 주택지 사업 실시계획의 책정에 관한 각서(안)'를 설명하고, 각서의 체결과 사업 실시계획의 책정을 요구했다. 사업관계협정의 내용을 살펴보면 다음과 같다.

① 각서(覺書)

주택사업 예정자가 각각의 사업 예정지에 사업 실시계획을 책정하기 위해 필요한 사항을 정한 것이다. 기업청은 사업 실시계획을 심사하여 적절하다고 인정될 경우, 주택사업자와 사업실시에 관한 기본협정을 체결한다. 기본협정을 체결한 시점에서 주택 예정 사업자는 주택사업자로 확정되는데, '사업실시계획(제1차안)'은 사업실시계획의 초안이다. '사업실시계획'의 책정 요령(要領)에서는 사업실시계획의 초안에 근거하여 이에 필요한 사항이나 조건을 제시하게 된다.

② 기본 협정

주택지구 정비에 관한 기본적인 사항 및 조건을 정한 것이다. 기본 협정에서는 주택사업 정비에 관한 최소한의 사항과 조건을 정하고, 보다 구체적인 사항과 조건에 대해서는 각각의 정비 시기에 맞추어 가구 협정을 통해 정한다. 기본협정에서는 주택정비에 관한 특별한 사항인 '상업/업무시설' 및 '주택지관리/운영'에 대해 기본방침을 정해두고, 보다 구체적인 사항 및 조건에 대해서는 각각의 협정에서 정한다.

③ 가구(街區)별 협정

기본 협정에 근거해 정비 시기에 맞추어 필요한 사항과 조건을 정한다. 기본설계 확정 단계의 협정이다.

④ 특별사항에 관한 협정

상업/업무시설의 업종 배치 및 운영 방법에 관한 사항 및 조건에 대해 정하며, 주택지의 관리, 운영 사업에의 참여 등에 관한 사항 및 조건을 정한다. 마쿠하리 신도심의 진출 기업자를 위한 주택공급에 관한 사항 및 조건을 정한다. 그 외 주택지구 정비에 필요한 사항에 대해서도 정한다.

이상과 같이, 마쿠하리 주택지에서는 도시경관 형성과 관련해 마스터플랜에 근거해 다양한 디자인 가이드라인의 작성, 가이드라인을 효율적으로 운용하기 위한 MA방식의 도입, 계획의 실현성을 담보하는 각종 협정 등을 통해 계획적인 주택지 경관을 형성하고 있다.

3) 은평 뉴타운 개발계획

(1) 개요

서울시 은평구 진관내동 일대에 위치한 은평 뉴타운은 서울의 관문이며 경기도와의 접점에 자리하고 있다. 그린벨트 해제 지역이라는 특수성과 뛰어난 자연조건을 갖춘 주택지라는 입지적 특성과 더불어 우리나라에서 21세기에 걸 맞는 새로운 주택지계획의 시도라는 계획 개념에 근거해 도시개발사업으로 추진되었다.

리조트같은 생태도시를 테마로 주변의 녹지를 보전하고 난개발을 방지하며 쾌적한 주택지 조성과 다양한 생활가로의 도입, 가로 활성화를 위한 중정형(연도형) 주거동 도입, 타워형, 테라스형 주거동 계획 등 다양한 주택지 계획이 마스터플랜 단계에서 시도되었다.

강북 뉴타운 사업의 일환으로 지역 균형발전 차원에서 낙후 지역 시가지를 정비한다는 전략적 의미와 더불어 MP(총괄계획가)제도의 도입을 통해 계획의 초기 단계부터 계획적 전략적 주택지 조성을 도모하고 있다.

은평 뉴타운 마스터플랜

은평 뉴타운 조감도

(2) 주택지 경관 형성

은평 뉴타운의 계획 목표는, ① 리조트형 전원생태도시 조성, ② 더불어 사는 미래형 커뮤니티 조성, ③ 주거환경 수준의 질적 제고 등이다.

마스터플랜 구성에 있어, 우선 주택지 도시공간 구조를 보행권, 통학권, 일상생

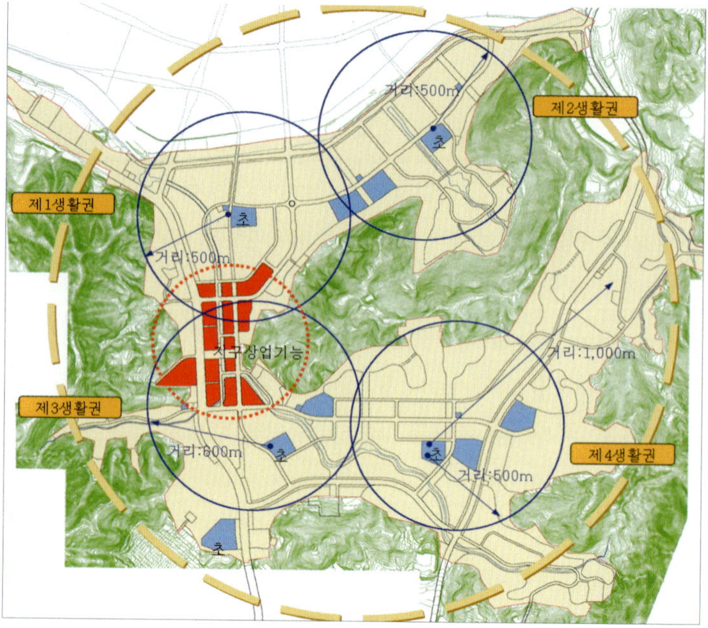

도시공간구조 및 생활권 계획

활권 및 지형적 제약성을 종합적으로 고려해 초등학교 1km 이내에 소생활권을 설정하고 인구 규모 9,000~10,000명을 기준으로 4개의 소생활권을 구성하며, 구파발역을 중심으로 지구 중심사업 기능을 구상하고 있다.

이러한 도시 공간 구성을 바탕으로 새로운 주택지의 창조적 경관 형성을 위한 구체적인 계획수법으로는 다음의 4가지 경관계획으로 요약할 수 있다.

① 환경 및 생태의 복원

훼손된 북한산 고지대를 복원하고 북한산국립공원과 진관근린공원 및 갈현근린공원, 서오릉지연공원을 생태연결통로(Eco-Bridge)를 설치하며 과거의 습지를 복원하여 생태적인 습지로 원상 복구해 습지공원(못자리골)을 조성한다.

② 생활가로의 활성화

단지 내 가로를 생활 공간화하고 커뮤니티광장, 단지 내 소광장, 쉼터 공간 등

생태보전 체계도

을 설치해 다양한 커뮤니티 교류의 장이 되도록 한다.

③ 대중교통 연계 및 보행, 자전거 네트워크 구축

은평 뉴타운과 외부를 연결하는 지역 간 경유도로(통일로, 연서로 등)와 주요 환승지점을 연결하는 셔틀버스를 제안하는 등 대중교통 체계를 정비하고, 진관근린공원 중심의 순환형 도로망에 부합하는 자전거 도로망을 구상한다. 지구 내 녹지공간을 이용한 레저형 자전거도로를 설치하고 주요 지점별로 자전거보관소 및 휴게시설을 설치해 자전거 이용자의 편의를 제공한다.

④ 다양한 주택 유형의 공급

3면의 조망 확보가 가능한 탑상형주동, 가로 공간의 활성화를 위한 연도형 주동, 내부 중정의 커뮤니티 활성화를 위한 중정형 주동, 자연 지형에 순응하는 테라스하우스 등 다양한 공동주택을 통해 풍요로운 단지 경관을 창출한다.

다양한 주동 형식의 공동주택 창출

(3) 사업의 추진체계

은평 뉴타운은 사업의 초기 단계부터 서울시(SH공사)가 사업을 주도하면서 MP(총괄계획가)제도의 도입과 MP에 의한 마스터플랜의 작성을 통해 다양한 주택지 경관 창출을 제안하고 있다. 제안된 초기 마스터플랜에 근거해 지구별로 현상설계를 통해 지구별 마스터플랜을 정하고 지구별 마스터플랜에 따라 공구별로 대안입찰방식을 통해 설계자와 건설사를 지명해 사업을 추진하고 있다.

이러한 방식은 사전에 명확한 디자인 가이드라인을 제시해 두고 진행했다기보다는 마스터플랜에 근거해 공구별로 설계자의 다양한 아이디어를 통해 설계안을 결정해 나가는 방식이다. 계획설계의 유연성을 확보할 수 있다는 장점도 있지만 체계적인 계획관리가 어려운 단점도 동시에 가지고 있다고 할 수 있다. 물론 MP들이 사업의 최종 단계까지 세심하게 계획관리가 이루어져야 한다는 전제도 필요하다.

4) 결론

이상과 같이, 일본의 대표적인 신도시인 마쿠하리 주택지를 대상으로 경관 형성의 내용 및 추진 체계를 살펴보았다. 마쿠하리 주택지의 경우 새로운 주택지 경관계획의 제안 방식이 이루어졌다는 점에서 우리에게 많은 시사점을 제공해주고 있는데, 특히 은평 뉴타운의 사례와 비교하면서 정리해 보기로 한다.

우선, 마쿠하리주택지의 경우 명확한 마스터플랜을 설정하고 이를 실현하기 위한 상세한 경관 디자인 가이드라인을 제안(총 4권)하고 있다. 계획의 초기 단계인 마스터플랜의 작성 단계부터 전체 마스터플랜은 물론, 개별 주거블록의 디자인, 가로시설물, 공공시설 등 다양한 요소까지 세심하게 주거지의 공간을 디자인할 수 있는 상세한 가이드라인을 마련하고 있다.

또, 가이드라인을 총체적 구체적으로 관리하기 위해 총괄계획가인 MA(Master Architect)를 선정해 일련의 디자인 프로세스를 관리하는 제도를 도입하고 있다. 특히, 계획 단계에서의 디자인 계획뿐만 아니라 사업이 실시되는 단계까지 모든 디자인 결과를 총괄해서 관리하는 책임있는 총괄계획가의 역할을 수행하고 있다.

한편, 계획의 담보성을 확립하기 위해 토지분양 과정에 도입된 다양한 협정방식 등 체계적인 경관 관리시스템이 이루어지고 있다는 점이 특징이다. 즉, 토지를 분양하는 시점에 경관 디자인상 필요한 사항을 의무적으로 부과해 경관 디자인을 실천하도록 의무화하고 있어 모든 사업자들이 신도시의 경관계획에 참여하도록 하고 있다.

은평 뉴타운의 경우 초기 단계에 MP(Mater Planner)에 의해 2차원(평면)적인 마스터플랜(토지이용계획)을 작성해 두고, 각 지구별로 현상설계를 통해 지구별 3차원적인 마스터플랜을 작성하고, 이 마스터플랜에 근거해 각 공구별로 대안입찰방식을 통해 선정된 안을 채택하고 있다. 이는 초기 단계 MP들의 의도가 최종 채택된 공구별 계획안에 반영될 수 있는 지에 대한 근본적인 의문이 제기될 수 있다. 실제로 MP들의 의도와는 다른 많은 계획 설계안들이 최종계획안으로 채택되어 공사가 진행되고 있다. 즉, 초기 단계 마스터플랜의 담보성이 보장되기 어려운 상황이다.

이러한 점에서 계획의 초기 단계에 상세한 경관 가이드라인 설정과 그를 담보할 수 있는 담보 시스템 구축이라는 점에서 일본 마쿠하리의 사례는 많은 시사점을 주고 있다고 할 수 있다.

7.

관련 법령과 제도

관련 법령과 제도

1. 경 관 법

1) 경관법의 제정 배경

(1) 제정 배경

국토의 미적 가치가 국가 경쟁력의 핵심 요소로 대두되고, 경제발전에 따른 삶의 질 향상에 대한 욕구가 증가하여 아름답고 쾌적한 국토 및 지역 환경 조성의 필요성이 증대되고 있으나, 관련법령에 산재되어 있는 국토의 경관관리에 관한 내용을 종합적으로 연계시킬 필요성에 따라 제정되었다.

또한, 지자체에서도 경관에 대한 관심이 지속적으로 증가하여 2007년 현재 48개 지자체가 경관 관련 조례를 제정 · 운용하고 있다.

이러한 상황에서 경관법은 미흡한 기존의 제도를 보완하여 체계적이고 효과적인 경관관리 업무를 수행하도록 함과 아울러, 현재 지자체별로 운용 중인 경관 관련 조례에 법적 근거를 제공하기 위한 기본법적인 성격을 가지고 있다.

〈표 1〉 경관 관련 법률 및 소관부처

법률명	내 용	소관부처
국토의 계획 및 이용에 관한 법률	- 도시기본계획, 도시관리계획, 지구단위계획 중 경관계획 - 용도지구 중 경관·미관·보전지구 지정 및 지구 안에서의 행위제한	건교부
도시공원 및 녹지 등에 관한 법률	- 경관녹지 - 조경시설 관리 등	건교부
자연공원법	- 자연보존지구, 자연환경지구	환경부
자연환경보전법	- 자연환경보전조례의 근거 - 자연경관심의제 - 자연경관심의위원회	환경부
문화재보호법	- 기념물 및 보호구역 지정	문광부
고도보존에 관한 특별법	- 특별보존지구, 역사문화환경지구	문광부
농림어업인 삶의 질 향상 및 농산어촌지역 개발촉진에 관한 특별법	- 농산어촌 경관보전·형성 - 경관보전 협약	농림부

〈표 2〉 경관 관련 조례 현황

유형	법적근거	지자체 현황	담당부서
경관형성조례	자연환경보전법 제27조	강릉시 등 17개	도시과, 건설과 등
자연환경보전조례	자연환경보전법 제27조	김포, 상주 등 24개	환경보호과 등
경관관리조례	국토계획법, 자연환경보전법	목포시	도시과
도시경관조례	없음	인천, 제주 등 6개	디자인과,생태도시과

〈표 3〉 관련법에 따른 제도 운용 현황

유형	관리 형태	내 용
유형 1	계획에 의한 경관관리	· 광역도시계획, 도시기본계획, 지구단위계획 등의 경관 관련사항(국토계획법) · 시·도별 조례에 의한 자연경관 관련 계획 (자연환경보전법)
유형 2	지역·지구 지정에 의한 경관관리	· 국토계획법, 문화재보호법, 자연환경보전법 등의 각종 지역·지구의 지정
유형 3	심의에 의한 경관관리	· 건축 심의시 경관관련 내용 심의, 자연경관영향 협의제도
유형 4	개발사업과 관련된 경관 관리	· 도시개발사업, 택지개발사업, 도시 및 주거환경정비사업 시행시 경관 고려
유형 5	지원 또는 유도에 의한 경관관리	· 농림부의 경관보전직불제 등과 같이 경관형성과 관련된 사업의 지원
유형 6	개별시설물과 관련된 경관관리	· 건축법, 옥외광고물 등 관리법에 의한 경관 관리

(2) 경관법의 특징

① 경관계획의 수립을 지자체의 자율적 판단에 맡김

지역 경관을 체계적으로 관리하고 향상시킬 수 있는 총체적인 경관관리 대책을 담은 "경관 계획"의 수립에 대해 정하고 있으나, 경관계획의 수립을 의무화하지 않고 필요에 따라 자율적으로 수립토록 함으로써 지역 특성에 맞는 정책의 수립이 가능하도록 융통성을 부여하고 지자체의 필요에 따라 자율적으로 경관 활동을 지원할 수 있도록 함

② 민과 관의 협력에 의한 경관사업 추진 지향

지역주민, 시민단체, 전문가 등으로 구성된 경관사업추진협의체를 설치할 수 있도록 하여 사업계획의 수립, 사업추진, 사후관리 등에 참여할 수 있도록 함으로써 다양한 의견 수렴과 참여 유도를 통해 민과 관이 협력하여 지역적 특성에 맞는 경관사업을 추진할 수 있도록 함

③ 주민의 적극적 참여 유도 위한 경관협정제 도입

토지 소유자 등의 전원 합의로 협정서를 작성토록 하여, 지역의 개성있는 경관형성을 위해 법적 규제를 통한 수동적인 방식에서 탈피하여 주민 스스로가 자기지역의 경관관리에 참여할 수 있도록 유도하는 제도로서, 관에서는 기술·재정상의 지원을 할 수 있도록 하고 있음

④ 경관에 대해 독자적인 심의·자문 기능을 갖는 경관위원회의 설치

경관위원회는 경관계획의 수립·변경·승인, 경관사업의 승인, 경관협정의 인가 등을 심의하고, 경관지구 및 미관지구의 관리·운용, 경관조례의 제정, 경관사업의 추진 사항을 자문할 수 있도록 정하고 있음

2) 법령의 체계 및 용어의 정의

(1) 법령의 구성

① 법, 시행령, 시행규칙, 조례로 구성

② 관련 지침 - 경관 기본계획 수립 지침, 경관협정서 작성 지침

(2) 법 목차

① 제1장 총칙(제1조 ~ 제5조) : 목적, 용어의 정의, 경관관리 기본원칙 등

② 제2장 경관계획(제6조 ~ 제12조)

③ 제3장 경관사업(제13조 ~ 제15조)

④ 제4장 경관협정(제16조 ~ 제22조)

⑤ 제5장 경관위원회(제23조 ~ 제25조)

⑥ 부 칙

(3) 용어의 정의

① 경관(법 제2조 제1호) : 자연, 인공 요소 및 주민의 생활상 등으로 이루어진 일단의 지역 환경적 특징을 나타내는 것

② 건축물 (법 제2조 제2호) : 건축법 제2조 제1항 제2호에 따른 건축물

> [건축법 제2조 제1항 제2호]
> "건축물"이라 함은 토지에 정착하는 공작물 중 지붕과 기둥 또는 벽이 있는 것과 이에 부수되는 시설물, 지하 또는 고가의 공작물에 설치하는 사무소, 공연장, 점포 차고, 창고 등을 말함

3) 경관관리의 기본 원칙 등

(1) 경관관리의 기본 원칙(법 제3조)

① 지역의 고유한 자연, 역사 및 문화를 드러내고 지역주민들의 생활 및 경제활동과의 긴밀한 관계 속에서 지역주민의 합의를 통해 양호한 경관이 유지될 수 있도록 관리

② 개발과 관련된 행위는 경관과 조화, 균형을 이루도록 할 것

③ 우수한 경관을 보전하고 훼손된 경관을 개선·복원함과 동시에 새롭게 형성되는 경관은 개성 있는 요소를 가지도록 유도

④ 각 지역의 경관이 고유한 특성과 다양성을 가질 수 있도록 자율적인 경관 행정 운영방식을 권장하고, 지역주민이 주체적으로 참여할 수 있도록 할 것

⑤ 국민이 아름답고 쾌적한 경관을 향유할 수 있도록 할 것

(2) 국가 및 지자체 등의 책무(법 제4조)

① 국가 및 지자체는 쾌적하고 양호한 경관 형성에 필요한 시책을 강구하여야 함

② 국가 및 지자체는 경관관리의 기본 원칙에 대한 국민의 이해를 높이도록 노력하여야 함

③ 국민은 아름답고 쾌적한 경관의 보전 및 개선을 위해 국가 및 지자체의 시책에 적극적으로 협력하여야 함

(3) 다른 법률과의 관계(법 제5조)

① 경관의 보전, 관리 및 형성 등에 관하여 다른 법률에 특별한 규정이 있는 경우를 제외하고는 이 법으로 정하는 바에 따름

4) 경관계획

(1) 경관계획의 수립권자(법 제6조)

① 특별시, 시 또는 군의 관할구역 전부 또는 일부에 속하는 경우 특별시장, 시장 또는 군수가 수립

② 2이상의 시 또는 군에 걸쳐있는 경우에는 공동으로 수립

③ 2이상의 시 또는 군에 걸쳐 있는 경우로서 해당 시장, 군수가 요청하거나 도지사가 필요하다고 인정하는 경우에는 관할 도지사가 수립

④ 특별자치도는 특별자치도지사가 수립

(2) 경관계획 수립의 제안(법 제7조, 영 제2조)

① 주민은 제안 내용을 첨부하여 경관계획 수립권자에게 계획수립을 제안할 수 있음

② 경관계획의 수립을 제안 받은 자는 처리 결과를 제안자에게 통보하여야 함

③ 경관계획의 제안, 제안서의 처리 등에 관하여 필요한 사항(영 제2조)

- 경관계획 수립의 제안을 받은 시・도지사 또는 시장・군수는 제안일로부터 60일 이내에 경관계획에의 반영 여부를 제안자에게 통보. 1회에 한해 30일 연장 가능
- 경관계획에 반영할지 여부 결정을 할 때 경관위원회의 자문을 거칠 수 있음

(3) 경관계획의 내용 및 지위(법 제8조 1・3항, 영 제3조)

① 경관계획의 내용

- 경관계획의 기본 방향 및 목표에 관한 사항
- 경관 자원의 조사 및 평가에 관한 사항

- 경관 형성의 전망 및 대책 수립에 관한 사항
- 국토의 계획 및 이용에 관한 법률에 의한 경관지구 및 미관지구의 관리 및 운용에 관한 사항
- 경관관리 행정체계 및 실천 방안에 관한 사항
- 경관계획의 시행을 위한 재원조달 및 단계적 추진에 관한 사항
- 경관의 보전·관리 및 형성에 관한 사항으로서 대통령령이 정하는 사항(영 제3조)
  · 경관계획의 구체적 설계 방향에 관한 사항
  · 중점적으로 경관을 보존·관리 및 형성해야 할 구역 등에 관한 사항
  · 경관의 보전·관리 및 형성에 관한 사항으로서 조례로 정하는 사항

② 경관계획의 지위
- 경관계획은 도시기본계획에 부합되어야 하며, 경관계획의 내용이 도시기본계획의 내용과 다른 때에는 도시기본계획이 우선함

(4) 경관계획의 수립기준(법 제8조2항, 영 제4조)

① 자연경관, 역사 · 문화경관, 농산어촌 경관 및 시가지 경관에 대한 장기적 방향을 제시하고 삶의 질 향상을 위한 내용이 반영되도록 할 것
② 지역적 특성과 요구를 충분히 반영하여 계획의 독창성과 자율성이 확보되고 여건 변화에 탄력적으로 대응할 수 있도록 할 것
③ 관할구역 일부에 대하여 경관계획을 수립하는 경우에는 계획이 실질적으로 추진될 수 있도록 상세하고 구체적으로 수립할 것
④ 경관계획이 광역도시계획 또는 도시기본계획의 방향에 부합하고 도시기본계획의 목표를 달성하는 방안을 제시하여 통일성 및 일관성을 유지하도록 할 것
⑤ 기 수립된 경관 관련계획이나 지역 · 지구 · 구역 등과 조화롭게 연계되도록 할 것

(5) 경관계획의 수립절차(법 제9조 ~ 제11조)

① 기초조사(법 제9조, 영 제5조)

- 경관계획을 수립 또는 변경하는 때에는 필요한 사항을 조사하여야 함. 다만, 관계 행정기관 또는 전문기관이 이미 조사를 실시한 경우에는 그 결과 활용 가능

② 공청회 및 지방의회 의견청취 등(법 제10조, 영 제6조)

- 경관계획 수립(변경)시 사전에 공청회를 개최하여 주민 및 관계 전문가 등의 의견을 들어야 하며, 제시된 의견이 타당한 경우 경관계획에 반영하여야 함
- 공청회 개최시에는 다음 사항을 경관계획 수립 지역을 주된 보급지역으로 하는 일간신문에 개최예정일 14일 전까지 1회 이상 공고(영 제6조 제1항)
  · 공청회의 개최 목적
  · 공청회의 개최 예정 일시 및 장소
  · 수립 또는 변경하고자 하는 경관계획의 개요
  · 그 밖에 필요한 사항
- 2이상의 시 · 군에 걸친 경우에는 기한을 정하여 계획안을 관계 시장 · 군수에 송부하고, 시장 · 군수는 명시된 기한 내에 의견을 제출하여야 함
- 경관계획 수립(변경)시에는 지방의회의 의견을 들어야 하며, 지방의회는 특별한 사유가 없는 한 30일 이내에 의견을 제시하여야 함

③ 경관계획의 승인 등(법 제11조, 영 제7조)

- 시장 · 군수는 경관계획 수립(변경)시 해당 지자체의 경관위원회의 심의를 거쳐 도지사의 승인을 얻어야 함
  · 기초조사 결과, 공청회 개최 결과, 지방의회 의견, 경관위원회 자문 결과 첨부
- 시 · 도지사는 경관계획을 승인하거나 직접 경관계획을 수립(변경) 시 관계 중앙행정기관의 장과 미리 협의하고, 경관위원회의 심의를 거쳐야 함
- 특별시장, 광역시장, 특별자치도지사가 경관계획을 수립(변경)시 공고하고 주민에게 열람하여야 함
  · 경관계획의 공고 : 당해 지자체의 공보

· 경관계획의 열람기간 : 30일 이상

- 도지사가 경관계획을 승인하거나 경관계획을 수립(변경)시 관계 서류를 시장 · 군수에게 송부하여야 하며, 시장 · 군수는 공고하고 주민에게 열람하여야 함

④ 경관지구 및 미관지구의 관리(법 제12조)

- 시 · 도지사 또는 시장 · 군수는 경관지구 및 미관지구를 경관계획에 따라 관리하여야 함

〈표 4〉 경관계획 수립절차

계획수립을 위한 기초조사 — 시 · 도지사, 시장 · 군수

↓

계획(안) 작성 — 특별시장, 광역시장, 시장

↓

공청회

↓

지방의회 의견청취

↓ — 관련기관 협의

경관위원회 심의

↓

경관계획 수립(승인)

↓

열람공고

5) 경관사업

(1) 경관사업의 대상(법 제13조 제1항)

① 가로환경의 정비 및 개선을 위한 사업

② 지역의 녹화와 관련된 사업

③ 야간경관의 형성 및 정비를 위한 사업

④ 지역의 역사 · 문화적 특성의 경관을 살리는 사업

⑤ 농 · 산 · 어촌의 자연경관 및 생활환경을 개선하는 사업

(2) 경관사업의 제3자 시행(법 제13조 제2 · 3항, 영 제8조)

① 시 · 도지사 및 시장·군수이외의 자는 사업계획서를 작성하여 경관계획을 수립한 시 · 도지사 등의 승인을 받아 경관사업 시행 가능

② 시 · 도지사 등은 경관사업을 승인하기 전에 경관위원회의 심의를 거쳐야 함

③ 사업계획서의 내용(영 제8조)

- 사업의 목표, 사업 주체
- 경관계획과의 연계성, 경관사업 내용 및 추진방법, 유지관리방안, 사업비용
- 그 밖에 필요한 사항
- 조례로 정하는 사항

(3) 경관사업 추진협의체(법 제14조)

① 경관사업의 원활한 추진을 위하여 필요시 지역주민, 시민단체, 전문가 등으로 구성된 경관사업추진협의체를 설치할 수 있음

② 협의체는 사업계획의 수립 사업의 추진 및 사후관리 등의 단계에 참여하여 경관사업이 일관성을 유지하도록 노력하여야 함

③ 협의체의 조직, 운영 및 업무

(4) 경관사업에 대한 재정지원 및 감독(법 제15조, 영 제9조)

① 지자체는 경관사업에 필요한 소요자금의 전부 또는 일부를 보조 · 융자할 수 있음

② 지자체는 필요시 경관사업 시행자에 대하여 감독상 필요한 보고를 하게 하거나 자료를 제출하도록 명령할 수 있음

③ 경관사업에 대한 재정지원 및 감독의 세부적인 사항은 조례로 정할 수 있음

6) 경관협정

(1) 경관협정의 체결(법 제16조, 영 제10조, 제11조)

① 토지 소유자 등(토지소유자, 건축물 소유자, 지상권자, 조례로 정하는 자)은 경관 형성을 위한 협정을 경관협정 체결자 전원의 합의에 의해 체결할 수 있음

- 경관협정의 효력은 경관협정을 체결한 토지소유자등에게만 미침

② 일단의 토지 또는 하나의 토지의 소유자가 1인인 경우에도 그 토지의 소유자는 해당 토지의 구역을 경관협정 대상지역으로 하는 경관협정을 정할 수 있음

- 토지소유자 1인을 경관협정 체결자로 봄

③ 경관협정을 체결하는 경우 다음 사항 준수하여야 함

- 이 법 및 관계법령에 위배되지 아니할 것
- 국토의계획 및 이용에 관한 법률에 의한 기반시설의 입지를 제한하는 내용을 포함하지 아니할 것

> [국토의 계획 및 이용에 관한 법률 제2조제6호, 영제2조 제1항]
> 1. 교통시설 : 도로·철도·항만·공항·주차장·자동차정류장·궤도·삭도·운하, 자동차 및 건설기계검사시설, 자동차 및 건설기계운전학원
> 2. 공간시설 : 광장·공원·녹지·유원지·공공공지
> 3. 유통·공급시설 : 유통업무설비, 수도·전기·가스·열공급설비, 방송·통신시설, 공동구·시장, 유류저장 및 송유설비
> 4. 공공·문화체육시설 :
> 학교·운동장·공공청사·문화시설·체육시설·도서관·연구시설·사회복지시설·공공직업훈련시설·청소년수련시설
> 5. 방재시설 : 하천·유수지·저수지·방화설비·방풍설비·방수설비·사방설비·방조설비
> 6. 보건위생시설 : 화장장·공동묘지·납골시설·장례식장·도축장·종합의료시설
> 7. 환경기초시설 : 하수도·폐기물처리시설·수질오염방지시설·폐차장

④ 경관협정에 포함할 수 있는 사항

- 건축물의 의장, 색채 및 옥외광고물(옥외광고물등 관리법에 의한)에 관한 사항
- 공작물(건축법에 의한 신고대상 공작물) 및 건축설비의 위치에 관한 사항
- 건축물 및 공작물 등의 외부공간에 관한 사항

- 토지의 보전 및 이용에 관한 사항
- 역사·문화경관의 관리 및 조성에 관한 사항
- 기타(영 제11조)
  · 지역성을 반영한 경관의 보전·관리 및 형성에 필요한 사항
  · 경관적으로 가치가 있다고 판단되는 주요 수목이나 구조물 등의 경관 관리 또는 형성에 필요한 사항
- 그 밖에 조례로 정하는 사항

⑤ 경관협정에 명시하여야 할 사항
- 경관협정의 명칭
- 경관협정 대상 지역의 위치 및 범위
- 경관협정의 목적
- 경관협정의 내용
- 경관협정 체결자 및 경관협정운영회의 명칭 및 주소
- 경관협정의 유효기간
- 경관협정 위반시 제재에 관한 사항
- 그 밖에 조례로 정하는 사항

(2) 경관협정 운영회의 설립(법 제17조, 영 제12조)

① 경관협정 체결자는 협정서의 작성 및 경관협정의 관리 등을 위해 필요시 협정 체결자들 간의 자율적 기구로서 운영회(경관협정운영회)를 설립할 수 있음

② 경관협정 운영회를 설립하려는 경우, 협정 체결자 과반수의 동의를 받아 경관협정운영회의 대표자 및 위원을 선임하고, 특별시장·광역시장·특별자치도지사·시장 또는 군수에게 신고하여야 함

③ 경관협정 운영회 설립 신고사항(영 제12조)
- 명칭 및 소재지, 대표자 및 회원 명단, 운영 목적 및 방법, 기능과 역할
- 그 밖에 필요한 사항
- 기타 조례로 정하는 사항

(3) 경관협정의 인가(법 제18조, 영 제13조)

① 협정 체결자 또는 경관협정 운영회의 대표자는 경관협정서를 작성하여 특별시장 · 광역시장 · 특별자치도지사 · 시장 또는 군수의 인가를 받아야 함

② 특별시장 등은 경관협정을 인가하기 전에 경관위원회의 심의를 거쳐야 함

③ 특별시장 · 광역시장 · 특별자치도지사 · 시장 또는 군수는 경관협정을 인가한 때에는 그 내용을 공고하고 주민이 열람할 수 있도록 하여야 함

- 경관협정의 인가공고 : 당해 지자체 공보
- 관계서류의 열람
  - · 열람기간 : 협정이 유효한 기간 동안
  - · 열람장소 등 : 시·군청 또는 읍·면·동사무소 비치 및 주요내용의 지역신문, 시 · 군 게시판 및 홈페이지 등에 게재

※ 경관협정의 변경에 관하여도 제16조 및 제18조의 규정을 준용함(법 제19조)

(4) 경관협정의 폐지(법 제20조)

① 협정 체결자 또는 경관협정 운영회의 대표자는 경관협정을 폐지하려는 경우에는 협정 체결자 과반수의 동의를 받아 해당 특별시장 · 광역시장 · 특별자치도지사 · 시장 또는 군수의 인가를 받아야 함

② 협정의 폐지 시에도 특별시장 · 광역시장 · 특별자치도지사 · 시장 또는 군수는 그 내용을 공고하고 주민이 열람할 수 있도록 하여야 함(법 제18조 제2항 준용)

(5) 경관협정의 준수 및 승계(법 제21조, 영 제14조)

① 경관협정의 대상이 되는 구역 안에서 경관협정의 내용에 해당하는 행위를 하려는 협정 체결자는 인가된 경관협정의 내용을 준수하여야 함

② 경관협정이 공고된 후 경관협정의 대상이 되는 구역 안에서 협정 체결자인 소유자 등으로부터 권리를 이전 또는 설정 받은 자는 협정 체결자로서의 지위를 승계함

- 협정에서 달리 정한 경우와

- 권리를 이전 또는 설정 받은 날로부터 60일 이내에 시·도지사 또는 시장·군수에게 경관협정 체결자로서의 지위를 승계하지 않기로 신고한 자 제외

(6) 경관협정에 관한 지원(법 제22조, 영 제15조)

① 특별시장·광역시장·특별자치도지사·시장 또는 군수는 경관협정서 작성 등의 자문 등 경관협정에 관한 기술·재정상의 지원을 할 수 있음

② 협정체결자 또는 경관협정운영회의 대표자는 경관협정에 필요한 비용 등을 지원받고자 하는 때에는 대통령령이 정하는 바에 따라 특별시장·광역시장·특별자치도지사·시장 또는 군수에게 사업계획서를 제출하여야 함

- 사업의 목표
- 사업 주체(협정 체결자 또는 경관협정운영회의 대표자)
- 사업내용 및 추진계획
- 투자비(지원이 필요한 금액 포함)
- 조례로 정하는 사항
- 그 밖에 필요한 사항

7) 경관위원회

(1) 경관위원회의 설치(법 제23조, 영 제16 · 17조)

① 경관과 관련된 사항에 대한 심의 또는 자문을 위하여 시·도지사 또는 시장·군수 소속으로 경관위원회를 둠. 경관위원회의 설치·운영이 어려운 경우에는 관련위원회가 그 기능을 수행할 수 있음

- 관련위원회 : 지방도시계획위원회, 건축위원회, 그 밖에 조례로 정하는 위원회

② 시·도지사 또는 시장·군수는 건축 등 경관 관련 사항의 심의가 필요한 경우 건축법 등 다른 법률에 따라 설치된 경관과 관련된 위원회와 경관위원회가 공동으로 하는 심의를 거칠 수 있음

- 공동위원회의 위원 : 경관위원회와 관련 위원회의 재적위원으로 하고, 위원장은 경관위원회의 위원장이 함
- 공동위원회의 회의 : 재적 위원 과반수의 출석으로 개의하고 출석 위원 과반

수의 찬성으로 의결

– 기타(조례)

(2) 경관위원회의 기능(법 제24조, 영 제18조)

① 경관위원회의 심의사항

– 경관계획의 수립 또는 변경

– 경관계획의 승인

– 경관사업의 승인

– 경관협정의 인가

– 다른 법령에서 경관위원회의 심의를 받도록 규정한 사항(영 제17조)

– 기타(조례)

② 경관위원회의 자문사항

– 경관계획에 관한 사항

– 경관지구 및 미관지구의 관리 및 운용에 관한 사항

– 경관조례의 제정에 관한 사항

– 경관사업의 계획 및 추진에 관한 사항

– 경관협정의 체결 및 운용에 관한 사항

– 기타

(3) 경관위원회의 구성 · 운영(영 제18조)

① 경관위원회의 구성(영 제18조 1~4항)

– 위원장 및 부위원장 포함 10인 이상 20인 이내로 구성

– 위원장 과 부위원장은 위원 중에서 호선

– 위원의 자격

· 당해 지자체 지방의회 의원

· 당해 지자체 및 경관계획 관련 행정기관의 공무원

· 건축 · 도시 · 주택 · 조경 · 토목 · 교통 · 환경 · 문화 · 농림 등 경관계획 관련

분야의 학식과 경험이 있는 자(전체 위원수의 1/2 이상)

- 기타(조례)

② 경관위원회의 운영(영 제18조)

- 위원의 임기 : 2년으로 하되, 연임 가능(보궐 위원은 전임자의 남은 기간)
- 위원장은 위원회의 업무를 총괄하며, 위원회를 소집하고 회의를 주재함
- 회의는 재적 위원 과반수의 출석으로 개의하고 출석 위원 과반수의 찬성으로 의결
- 간사 1인과 서기 약간 인을 둘 수 있으며, 간사와 서기는 위원장이 임명
- 기타 운영에 필요한 사항(조례)

2. 서울특별시 도시디자인 조례[1)]

1) 조례의 변천

(1) 조례의 제·개정 변천

우리 시는 가로환경 수준을 향상시키기 위하여 도로 등에 설치하는 도시시설물 관리 행정 시스템의 체계화를 도모하고 시민에게 조화롭고 쾌적한 환경을 제공하기 위한 「서울특별시 도시환경디자인위원회 설치 및 운영조례」를 2002년 5월 20일 제정 공포하여 도시환경디자인 정책 및 사업에 관한 방향 및 가로시설물 통합디자인 및 설계기준 수립에 관한 자문, 도시시설물의 디자인 심의를 위한 도시환경디자인위원회를 설치·운영하였으나, 우리시의 도시경관을 종합적이고 체계적으로 개선·관리하기 위하여 도시디자인 기본계획 및 야간경관 기본계획의 수립·시행에 필요한 사항을 규정하는 한편, 기존의 도시디자인의 추진에 필요한 정책사항 등을 심의하기 위하여 서울특별시 도시디자인위원회를 설치·운영할 수 있는 제도적 근거를 마련하고자 2006년 7월 19일 「서울특별시도시환경디자인위원회설치및운영조례」를 폐지하고, 「서울특별시도시디자인조례」가 제정되었다.

---

1) 2006.07.19 조례 제4420호 (제정)

〈표 5〉 서울시 조례의 변천

조례명	내 용	비 고
서울특별시 도시환경디자인위원회 설치 및 운영조례	- 도시환경디자인위원회 설치 · 운영	2002.05.20 조례 제4007호 (제정) 2003.05.14 조례 제4099호 (개정) 2006.07.19 조례 제4420호 (도시디자인 조례 부칙 폐지)
서울특별시 도시디자인 조례	- 도시디자인기본계획 - 야간경관기본계획 - 서울디자인위원회 설치 · 운영	2006.07.19 조례 제4420호 (제정) 2007.11.01 조례 제4582호 (개정)

(2) 조례의 구성 및 용어의 정의

① 조례 목차

- 제1조 ~ 제2조 : 목적, 용어의 정의
- 제3조 : 도시디자인기본계획
- 제4조 : 야간경관기본계획
- 제5조 : 관계기관의 협조
- 제6조 ~ 제14조 : 서울디자인위원회
- 부칙

② 용어의 정의

- 도시디자인(조례 제2조) : 도시경관의 보전 · 개선을 위해 도시건축물 등 도시공간, 도시시설물의 형태 · 윤곽 · 색채 · 조명 · 주변과의 조화성 등 도시의 디자인에 대한 계획 및 사업

2) 기본계획 수립 등

(1) 도시디자인 기본계획(조례 제3조)

① 시장은 도시디자인을 종합적 · 체계적으로 개선 · 관리하기 위하여 5년 단위로 서울특별시 도시디자인 기본계획을 수립 · 시행하여야 함

② 도시디자인 기본계획의 내용

- 도시디자인의 기본 목표 및 추진 방향

- 도시디자인의 권역별 · 지역별 및 가로별 구축 · 관리
- 도시디자인에 대한 제도개선 및 주요 시책
- 도시디자인의 수준 향상 및 개선을 위하여 필요한 사항

③ 시장은 도시디자인 기본계획을 수립 또는 변경하는 때에는 제6조 규정에 의한 서울디자인위원회의 심의를 거쳐야 함

④ 시장은 도시디자인 기본계획을 수립 · 변경한 때에는 이를 서울특별시보에 공고하여야 함

(2) 야간경관 기본계획(조례 제4조)

① 시장은 시의 야간경관을 종합적 · 체계적으로 개선 · 관리하기 위하여 3년 단위로 서울특별시 야간경관 기본계획을 수립 · 시행하여야 함

② 야간경관 기본계획은 도시디자인기본계획에 부합되어야 하며, 다음의 내용이 포함되어야 함

- 야간경관관리의 기본 목표 및 추진 방향
- 야간경관관리의 권역별 · 지역별 및 가로별 구축 · 개선
- 야간경관관리에 대한 제도개선 및 주요시책
- 야간경관의 수준향상 및 관리를 위하여 필요한 사항

③ 시장은 야간경관 기본계획을 수립 또는 변경하는 때에는 제6조 규정에 의한 서울디자인위원회의 심의를 거쳐야 함

④ 시장은 야간경관 기본계획을 수립 · 변경한 때에는 이를 서울특별시보에 공고하여야 함

(3) 관계기관의 협조(조례 제5조)

① 시장은 도시디자인의 원활한 추진을 위하여 관계기관에게 도시디자인의 추진에 필요한 시책의 마련을 요청할 수 있으며, 이를 위해 예산 및 행정적 지원을 할 수 있음

② 시장은 관계기관과 협력하여 도시디자인 수준 향상에 필요한 자료의 제작 · 보

급과 교육·홍보 등의 활동을 할 수 있음

3) 서울디자인위원회

(1) 위원회의 설치(조례 제6조)

① 도시디자인의 추진에 관한 사항을 심의하기 위하여 시장 소속하에 서울디자인위원회를 둠

② 서울디자인위원회 심의사항

- 「서울특별시 도시디자인 조례」의 제정 · 개정에 관한 사항
- 도시디자인 기본계획의 수립 · 시행
- 야간경관 기본계획의 수립 · 시행
- [별표 1]의 도시디자인 대상시설물(자치구 및 기타 공공기관의 장이 심의를 요청하는 시설물을 포함) 및 가로환경 조성사업의 디자인에 관한 사항
- [별표 2]의 관리대상 광고물의 규격·색상 등 관리에 관한 자치구간의 형평성과 통일성 확보를 위한 조언 · 권고
- 야간경관관리에 관한 자문 등 시장이 필요하다고 인정하는 사항

(2) 위원회의 구성 · 운영(조례 제7조 ~ 제13조)

① 위원회의 구성(조례 제7조)

- 위원장 및 공동 부위원장 3명을 포함 100명 이내로 구성
- 위원장은 시장, 공동부위원장은 디자인서울총괄본부장과 위원 중에서 호선되는 민간 공동 부위원장 2명
- 위원의 자격
  - · 관계 공무원
  - · 건축·도시계획·조경·조형예술·색채·환경 및 조명 등 분야에 대한 학식과 경험이 있는 자
- 위원의 임기 : 2년으로 하되, 1회 연임 가능(보궐 위원은 전임자의 남은 기간)

② 위원장의 직무(조례 제8조)

- 위원장은 위원회를 대표하고, 위원회의 직무를 통괄
- 위원장이 직무를 수행할 수 없는 경우 부위원장이 대행. 위원장 및 부위원장이 모두 직무를 수행할 수 없는 때에는 위원장이 미리 지명한 위원이 직무를 대행
- 간사를 두되, 간사는 관계 공무원 중에서 위원장이 지명

③ 회의(조례 제9조)

- 회의는 위원장이 필요하다고 인정하는 경우에 소집하되, 재적위원 과반수 출석으로 개의하고 출석위원 과반수의 찬성으로 의결

④ 소위원회(조례 제10조)

- 위원장은 소위원회를 구성·운영할 수 있으며, 소위원회에서 심의·의결된 안건은 위원회의 심의·의결을 거친 것으로 봄

⑤ 협조 요청(조례 제11조)

- 위원회는 관계 공무원·전문가 또는 이해관계인 등을 회의에 출석하게 하여 그 의견을 듣거나 관계기관 또는 단체 등에 대하여 필요한 자료의 제출을 요청할 수 있음

⑥ 운영 세칙(조례 제13조)

- 기타 위원회 및 소위원회의 운영에 관하여 필요한 사항은 위원회의 의결을 거쳐 위원장이 정함

[별표 1] 도시디자인 대상 시설물

1. 사전자문 : 건축물 외관디자인

분 류	대 상 건 축 물
공공건축물	가. 공공청사(시청, 구청, 동 주민센터) 나. 시 출자·출연기관에서 건축하는 건축물(공동주택 등 포함) 다. 시 및 자치구에서 건축하는 (허가)협의 대상 건축물 (의료시설, 노유자시설, 교육연구시설 등) 라. 중앙정부에서 건축하는 (허가)협의 대상 건축물 (파출소, 소방서, 우체국 등) 마. 공공 문화·집회시설(공연장, 집회장, 관람장, 전시장, 동·식물원 등) 바. 공공 화장시설(화장장, 납골당 등) 사. 기타 시장이 필요하다고 인정하는 건축물

2. 도시구조물

분 류	시 설 물 의 종 류
도로시설물	가. 교량(철교를 포함한다) 나. 고가차도(철도위에 설치한 고가차도를 포함한다) 다. 입체교차
도로부속 시 설 물	가. 보도육교 나. 20M이상 도로에 설치하는 석축 및 옹벽 다. 방음벽 라. 방호울타리 · 중앙분리대 · 낙석방지망 등

3. 가로시설물

분 류	시 설 물 의 종 류
도로부속 시 설 물	가. 가로등 나. 도로명판
문화관광시설	가. 관광안내소 나. 관광안내도 다. 시티투어 안내표지판 라. 동상 · 기념비 등(「서울특별시 문화예술진흥에 관한 조례」 제22조 제1항의 심의대상시설물은 제외)
가로녹지시설	가. 가로수 보호덮개　　나. 가로 녹지대 다. 가로 화분대　　라. 분수대
환경관리시설	가. 휴지통　　나. 환경미화원 대기소 다. 공중화장실　　라. 대기오염 전광판
교통관련시설	가. 보행자안내표지　　나. 정류소 표지판 다. 택시·마을버스·시내버스 및 공항버스 승차대 라. 택시 표지판　　마. 자전거보관대 바. 주차장 안내표지판 및 주차요금 표지판 사. 주차장 관리소(박스형)　　아. 부설주차장 진·출입표지 자. 버스전용차선 단속초소　　차. 교통 감시시설
지하철시설	가. 지하철출입구(캐노피 포함)　　나. 지하철안내표지판 다. 지상노출 엘리베이터　　라. 환기구(흡·배기구)
도로점용허가 대상 시설물 (미관지구내 도로에 설치된 시설물에 한한다)	가. 분전함·공중전화 등 지상시설물 – 가로등, 그 밖에 이와 유사한 것 – 변압탑, 무선전화기지국, 종합유선방송용단자함, 발신전용휴대전화기지국, 교통량검지기, 우체통, 소화전 그 밖에 이와 유사한 것 – 공중전화 그밖에 이와 유사한 것 나. 사설안내표지·아취 기타 이와 유사한 것 다. 가로판매대·구두수선대·버스카드판매대·그 밖에 이와 유사한 것(노점, 자동판매기, 상품진열대) 라. 고가도로의 노면밑에 설치하는 사무소, 점포, 창고, 자동차주차장, 광장, 공원, 그 밖에 이와 유사한 것

[별표 2] 관리대상 광고물

분 류	시 설 물 의 종 류
광고시설	가. 1면의 면적이 100㎡이상인 신규설치 대형광고물 (옥상, 전광판) – 장소이전 및 규격확대를 포함

3. 공공디자인 관리부처 및 영역별 관련 제도

〈표 6〉 공공디자인의 관리부처에 따른 분류

관련청	중앙행정부	공공디자인
국세청	재정경제부	은행권, 주화, 각종카드제품(주민증, 면허증), 각종 기념주화 및 메달
관세청	교육인적자원부	각종 교과서 디자인, 각종 학교건물 및 내부 환경시설 운동장 놀이시설, 체육시설, 관리시설, 수돗가, 조경, 조형물
조달청	통일부	미래의 통일에 대비한 도시환경 계획, 이산가족상봉 관련시설
통계청	외교통상부	외교통상 관계 관공서외부 및 내부환경시설, 각종서식, 여권
대검찰청	법무부	검찰관련 시설물, 보호시설 및 교도시설관련 시설물, 운송기계, 의복
병무청	국방부	군 관계 의복, 군 관련 무기 및 제품, 군 관계 관공서외부 및 내부환경시설, 군 관계 운송기계
경찰청 소방방재청	행정자치부	행정자치 관계관공서외부 및 내부환경시설, 관련 서식 및 주민증/ (경찰청) 교통신호제어기, 교통표지판, 교통안내판, 도로표지판, 경찰관계 관공서외부 및 내부환경시설, 경찰관계 운송기계, 경찰관계 운송기계, 경찰관계 의복, 경찰관계 서식 및 증명서, 과속측정기/ (소방방재청) 가로 및 시설내부 소화시설, 소방 안내판, 소방관계 관공서외부 및 내부환경시설, 소방관계 운송기계, 소방관계 의복, 소방관계 서식 및 증명서
기상청	과학기술부	엑스포 환경시설물, 우주센터 시설물, 과학관 관련 시설물, 기상관련 시설물
문화재청	문화관광부	문화 관련 환경 시설물, 각종 행사 관련 시설물 및 서식, 박물관 및 고궁 왕릉 등의 문화재관련 시설물(매표소, 안내문, 휴지통 등)
농촌진흥청	농림부	농촌 환경 개선, 농지정리사업, 비닐하우스 및 특수 작물재배 시설물
산림청	산업자원부	산업 관련 환경 시설
중소기업청	정보통신부	우체통, 우표, 체시관계 관공서외부 및 내부환경시설, 체신관계 운송기계, 체신관계 의복, 체신관계 서식 및 시설환경
특허청	보건복지부	보건 복지에 해당하는 건물과 환경시설, 관련 서식, 장애에 자유로운 공간의 형성
식품의약품안정청	환경부	환경 관련 설치 시설물
	노동부	근로복지, 장애우 안전, 관련 환경, 시설물
	여성가족부	여성, 임신 육아 관련 환경, 시설물
	건설교통부	각종 고속도로시설물 및 국도시설물, 충돌 방지대, 고속도로 휴게소 및 시설물, 교각
해양경찰청	해양수산부	어촌의 환경 시설, 해양경찰 운송기기, 의복

〈표 7〉 공공디자인 영역별 관련 제도

분 류	관 련 제 도
공공 정보 · 디자인 (Public Information Design)	문화산업진흥 기본법, 도로 표지 규칙, 자동차 관리법, 옥외 광고물 등 관리법, 산업디자인 진흥법, 국어 기본법, 공공기관의 기록물 관리에 관한 법률 등
공공 시설 디자인 (Public Equipment Design)	도로교통법, 자연공원법, 산업표준화법, 도로법, 산업디자인 진흥법, 고속국도법, 도시철도법, 도시공원 및 녹지 등에 관한 법률, 대중교통의 육성 및 이용촉진에 관한 법률, 지하 공공보도시설의 결정 · 구조 및 설치기준에 관한 규칙, 도로교통정비촉진법, 자전거 이용시설의 구조 · 시설기준에 관한 규칙, 자전거 이용활성화에 관한 법률, 농어촌 도로 정비법 등
공공 공간 디자인 (Public Space Design)	국토개발법, 자연공원법, 건축기본법, 도시 재정비촉진을 위한 특별법, 건축법, 도시 및 주거환경 정비법, 관광기본법, 관광진흥법, 문화재보호법, 문화예술진흥법, 건설산업기본법, 수도권 신공항 건설촉진법, 도시공원 및 녹지 등에 관한 법률, 주차장법, 체육시설의 설치 · 이용에 관한 법률 등
공공 용품 디자인 (Public Supplies Design)	물품관리법, 산업표준화법, 산업디자인 진흥법, 여권 발급 여자공무원법 규제, 소방공무원 복제 규칙 등
국가 지역 상징 (Public Symbol Design)	상표법 등

참고문헌

2. 도시 공공디자인과 서울브랜드

이무용, 『공간의 문화정치학』, 논형, 2005

민자경, 「브랜드 개성 형성에 있어서의 파사드 디자인에 관한 연구」, 홍익대학교 석사학위논문, 2005

에드워드 렐프, 『장소와 장소상실』, 논형, 2005

3. 도시 공공디자인의 영역과 의미

이광영, 「충청남도의 공공디자인 어떻게 할 것인가」, 공공디자인도입에 따른 전문가 학술세미나, 2007

김신영, 「지방자치시대 공공디자인이 가치 증가와 도입의 필요성」, 공공디자인 도입에 따른 학술 세미나, 2007

문화관광부 편, 「디자인 문화원 설립 기본방향 연구」, 문화관광부, 2005

서울대환경계획연구소 편, 「공공디자인진흥법 제정을 위한 기초연구」, 문화관광부, 2006

4. 도시환경디자인

고성종, 『도시환경과 벽화디자인』, 미진사, 2003

고성종 · 고필종, 『도시와 환경디자인』, 미진사, 1992

고성종 · 고필종, 『도시환경과 개방공간』, 미진사, 1999

고필종 외, 『도시환경과 거리환경 디자인』, 미진사, 2001

5. 공공건축과 가로환경디자인

한영호 · 안진근, 『현대 도시환경디자인』, 기문당, 2006

6. 국내·외 개발 사례

6-1. 기업 주도의 가로환경개선 사례

정용훈, 「기성상업지 가로환경개선 방안에 관한 연구」, 성균관대학교 석사학위논문, 2006

배웅규·김도년, 「기성시가지 상업지의 도시·건축여건을 고려한 환경개선형 도시설계기법 도입방안에 관한 연구」, 대한건축학회 논문집(계획계) 19권 9호, 2003

서울특별시 편, 「기성상업지 환경개선 도시설계 - 주민과 함께 하는 거리 가꾸기」, 서울특별시, 2001

서울특별시 편, 「이태원 가로환경개선 디자인 - 기본계획 및 기본설계」, 서울특별시, 2002

서울특별시 편, 「종로업그레이드 프로젝트」, 서울특별시, 2004

문화관광부 편, 「주민과 함께 도시경관 만들기」, 문화관광부, 2005

長島俊夫, 「三菱地所·新丸の内ビルヂング建替え計画について」, P.601, 2004

廣野研一, 「変貌する大手町·丸の内·有楽町地区の街つくり-公的空間の積極的活用, 交通工学」, 39(5), PP.29-35, 2004

NPO法人 大丸有エリアマネジメント協会, 「第4期の浩動概況(2005.9~2006.8)」, 2006

大手町·丸の内·有楽町　まちづくり懇談会, 2007.11
Homepage : http://www.aurora.dti.ne.jp/~ppp/

大手町·丸の内·有楽町 再開發計画推進協議会, 2007.11
Homepage : http://www.lares.dti.ne.jp/~tcc/

大手町·丸の内·有楽町 NPO法人　大丸有エリアマネジメント協会, 2007.10
Homepage : http://www.ligare.jp/

6-2. 마쿠하리 신도심주택지 경관계획 사례

이정형, 『현대집합주택 테마3』, 발언

Story of DESIGN CITY

2008년 9월 5일 1판 1쇄 인 쇄
2008년 9월 10일 1판 1쇄 발 행

지은이 : 신홍경 · 김세용 · 고성종
안진근 · 김도년 · 이정형

펴낸이 : 박 정 태

펴낸곳 : **광 문 각**

413-756
경기도 파주시 교하읍 문발리 500-8 파주출판정보단지
등 록 : 1991. 5. 31 제12-484호
전화(代) : 031) 955-8787
팩 스 : 031) 955-3730
E-mail : kwangmk@unitel.co.kr
홈페이지 : www.kwangmoonkag.co.kr

• ISBN : 978-89-7093-486-0 93540

값 15,000원